冶金工业出版社

普通高等教育"十四五"规划教材

数据库实验教程
（SQL Server 2019）

主　编　周宇葵　陈先来

副主编　刘　莉　李　蓓　刘建炜

主　审　向新颖

北　京

冶金工业出版社

2022

内 容 提 要

本书是学习"数据库原理""数据库技术""数据库应用""数据库系统概论"等课程的实验指导教材，实验内容比较全面地覆盖了高等院校本科数据库课程的教学要求。

全书共分五章：第一章为数据库基本知识；第二章为 SQL Server 安装与介绍；第三章为样本数据库；第四章为实验；第五章为实验常见问题清单。

本书适合作为高等院校医学信息学、生物信息学、信息管理与信息系统、计算机应用等专业的数据库课程实验教材，也可供相关专业的工程技术人员参考。

图书在版编目（CIP）数据

数据库实验教程：SQL Server 2019／周宇葵，陈先来主编 . —北京：冶金工业出版社，2022.8

普通高等教育"十四五"规划教材

ISBN 978-7-5024-9223-6

Ⅰ.①数…　Ⅱ.①周…　②陈…　Ⅲ.①数据库系统—高等学校—教材
Ⅳ.①TP311.13

中国版本图书馆 CIP 数据核字（2022）第 137580 号

数据库实验教程（SQL Server 2019）

出版发行	冶金工业出版社	**电　　话**	（010）64027926
地　　址	北京市东城区嵩祝院北巷 39 号	**邮　　编**	100009
网　　址	www.mip1953.com	**电子信箱**	service@ mip1953.com

责任编辑　任咏玉　美术编辑　彭子赫　版式设计　郑小利
责任校对　葛新霞　责任印制　李玉山
北京虎彩文化传播有限公司印刷
2022 年 8 月第 1 版，2022 年 8 月第 1 次印刷
787mm×1092mm　1/16；12.75 印张；304 千字；196 页
定价 **39.00** 元

投稿电话　（010）64027932　投稿信箱　tougao@cnmip.com.cn
营销中心电话　（010）64044283
冶金工业出版社天猫旗舰店　yjgycbs.tmall.com
（本书如有印装质量问题，本社营销中心负责退换）

前　言

　　数据库是计算机相关专业的专业课，也是医学信息学等专业的专业基础课，并正逐步发展成为高等院校各专业的公共课。

　　本书是为不同专业的学生学习 SQL Server 数据库编写的一本实验教程，可与高校本科使用的数据库教程配合使用。本书分五章，内容包括：数据库基本知识、SQL Server 安装与介绍、样本数据库、实验、实验常见问题清单。

　　本书以 SQL Server 2019 数据库管理系统为实验操作平台，通过重点介绍实验相关知识点强化课堂理论教学内容，以专业为导向，撷取了医学、生物学、专利信息等相关数据形成案例数据库（本书中涉及的医师、患者、学生姓名均为虚构，非真实姓名）；以医学案例贯穿实验始终，形成教程的示范性、操作性、思考性教学；以面向读者为核心，融合历年数据库实验中存在的常见性问题，以小技巧、小贴士、问与答的方式，贴心地穿插在实验操作过程或者实验课后思考题中，以提高实验操作及解决问题的效率；本书侧重于以理解数据库课程理论教学内容为目的，以覆盖医学信息学等专业教学大纲为最低要求，不过度追求数据库软件的功能使用及教程的普适性。

　　本书由周宇葵、陈先来任主编，刘莉、李蓓、刘建炜任副主编，向新颖任主审。本教材的编写得到了中南大学精品教材建设项目资助，得到了中南大学生命科学学院诸多领导、同仁、学生的支持与帮助，在此一并致谢。

　　由于作者水平所限，书中不妥之处，欢迎读者批评指正。

编　者

2022 年 4 月

目　录

第一章　数据库基本知识

一、数据库、数据库管理系统、数据模型

数据库（DataBase/DB）：是长期储存在计算机内、有组织的、动态的、可共享的相关数据集合。

数据库管理系统（DataBase Management System/DBMS）：是位于用户与操作系统之间的一层数据管理软件。如：Oracle、SQL Server、Access、PostgreSQL、MySQL 等。数据库管理系统的主要功能是定义数据结构、实现数据操纵（查询与更新）、完成数据库运行管理（安全性、完整性、并发控制），实现数据库的建立和维护（初始数据输入与转换、数据转储与恢复、数据库重组与重构、性能监测与分析等）。

数据模型：是对现实世界的模拟，是现实世界数据特征的抽象，是反映客观事物及客观事物间联系的组织的结构和形式；也可理解成隐藏低级存储细节的高级数据描述结构的集合。数据如果杂乱无章地存放在计算机中毫无意义，只有反映事物本身及事物与事物之间联系的数据存放在计算机中才能得到有效管理和运用，而数据模型就是事物客观性的反映。数据模型的建立分两大步，首先按用户的观点对数据和信息建模，称为概念模型或信息模型，再者站在计算机的角度建立逻辑数据模型。逻辑数据模型又分为层次模型、网状模型、关系模型、面向对象模型、对象关系模型，本书主要介绍关系模型。

通过数据库管理系统构建数据库的过程就是构建逻辑数据模型的过程。逻辑数据模型主要包括数据结构、数据操作、数据的约束条件，这也是构建数据库的主要内容。其中，数据结构是指所研究的对象集合（对象本身及对象间的联系）的静态特征描述，即表结构描述；数据操作是指对各种对象允许执行的操作及操作规则的描述，即安全等级定义；数据的约束条件是指对象集所涉及的完整性规则的集合，如主、外码定义，用于保证数据正确、有效和相容的数据依赖性定义等。

二、数据库系统的三级模式结构

从程序设计员或数据库系统管理员的角度看，数据库系统的结构由模式、外模式和内模式构成。其中模式（Schema）也称逻辑模式或概念模式，是数据库中全体数据的逻辑结构和特征的描述，是所有用户的公共数据视图。外模式（External Schema）也称子模式或用户模式，是数据库用户看见和使用的局部数据的逻辑结构和特征的描述，是与某一类用户有关的数据的逻辑表示，是数据库用户的数据视图。内模式（Internal Schema）也称存储模式，是数据物理结构和存储结构的描述，是数据在数据库内部的表示方式，也是数据库最低一级的逻辑描述。三级模式各有其作用，相互联系，也互相独立。模式是系统所有数据定义与管理服务，一个数据库只有一个模式；外模式为局部应用的数据定义与使用服务，即用户眼中的数据库，一个数据库为多类型用户或服务所共享时，外模式可以多个，

由于外模式的存在屏蔽了与用户无关的数据的展示或修改，因此可以在一定程度上保证数据的安全性；内模式为数据存储与使用服务，一个数据库只有一个内模式。三者之间的联系通过数据库的二级映象来实现。外模式/模式映象用于定义外模式与模式之间的对应关系；模式/内模式映象用于定义数据全局逻辑结构与存储结构之间的对应关系。当模式改变时，修改对应的外模式/模式定义来保证外模式不变；当内模式改变时，通过修改模式/内模式的定义保证模式不变，这样，数据的独立性得以保证。三级模式与二级映象之间的关系具体见图1-1。

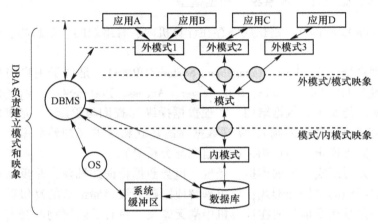

图1-1　数据库系统的三级模式结构

本书实验构建的数据库逻辑结构对应了三级模式中的模式，视图的构建与表格使用权限的授予则在一定程度上反映了外模式的含义，至于数据记录的存储方式是顺序存储、B树存储还是按hash方法存储，数据是否加密存储等涉及数据文件的组织方式的内模式定义在本书中无涉及。一般情况下，中小型数据库的内模式由数据库管理系统自动生成即可。

三、SQL 与 T-SQL

SQL（Structured Query Language）是关系数据库标准语言，是一种非过程语言，即表达的是"做什么"，而不是"怎么做"，隐蔽了数据存取路径与操作过程，采用的是面向集合的操作方式，操作的对象与结果都是集合，并且，SQL以同一种语法结构提供自主、嵌入式两种使用方法。

SQL具有数据定义、数据查询、数据操纵、数据控制四大功能。程序员和数据库管理员利用SQL主要可以完成构建数据库、修改库结构、查询库信息、更新库内容、增加用户操作库和表的权利、改变系统的安全性设置等功能。

大多数数据库均用SQL作为共同的数据存取语言或标准接口，实现不同数据库系统之间的互操作。T-SQL（Transact-SQL）则是SQL标准在SQL Server中的实现，是微软对SQL的扩展，具有SQL的主要特点，同时增加了变量、运算符、函数、流程控制和注释等语言元素，使其功能更加强大。

四、数据库规范化

针对一个具体的问题，应该如何构造一个适合于它的数据库模式，即应该构造几个关系模式，每个关系由哪些属性组成，涉及的就是关系数据库的规范化问题。

关系数据库的规范化要解决的就是如何消除关系模式中存在的不合理的数据依赖问题。数据依赖是指通过一个关系中属性间值的相等与否体现出来的数据间的相互关系，是数据自身语言的体现，它分为函数依赖与多值依赖两大类。

在函数依赖的范围内，存在非平凡的函数依赖与平凡的函数依赖，而平凡的函数依赖又有完全函数依赖、部分函数依赖、传递函数依赖等。

关系模式的规范化的过程就是一个数据库模式从低一级范式转变到较高一级范式的过程。如果一个关系模式 R 中的所有属性都是不可分的数据项，则称 R 属于第一范式；属于一范式的关系模式，如果消除了非主属性对码的部分函数依赖，晋级为二范式；在二范式的基础上，如果继续消除了非主属性对码的传递函数依赖，则模式晋级为三范式；在三范式的基础上，如果继续消除了主属性对码的部分或传递函数依赖，则模式晋级为修正的第三范式（或 BC 范式）；在修正的第三范式的基础上消除非平凡的多值依赖，则晋级为 4NF。

在数据库设计过程中，我们没有必要追求一定要达到最高范式，一般情况下达到 3NF 即可。

五、数据库安全性、完整性、并发性、恢复

数据库安全性：是指保护数据库，防止因用户非法使用数据库造成泄漏、更改或破坏。数据库安全性控制常采用用户标识和鉴定、存取控制、视图机制、审计、密码存储等方法。

数据库完整性：是指数据的正确性、有效性、相容性，防止错误的数据进入数据库。正确性是指数据的合法性；有效性是指数据是否属于所定义的有效范围；相容性是指表示同一事实的两个数据应相同。

数据库安全性是为了防止数据库中存在不符合语义的数据，防止错误信息的输入和输出，即所谓"垃圾进垃圾出"所造成的无效操作和错误结果，而数据库完整性是保护数据库防止非法用户的恶意破坏和非法存取。

数据库的并发性：数据库的最大特点在于它的共享性，即同一时间访问数据库的用户可有若干，这也就是数据库的并发性。但对同一数据库、同一数据的并发操作有可能给数据库带来数据不一致问题，包括丢失数据/修改、不可重复读、读"脏"数据，并发控制便是为了避免这种不一致。数据库的并发控制的基本逻辑单位是事务，并发操作造成数据不一致的根本原因是破坏了事务的隔离性，目前，数据库管理系统大多采用封锁的技术实现并发控制。

数据库恢复：是指数据库管理系统所具有的把数据库从错误状态恢复到某一已知的正确状态（亦称为一致状态或完整状态）的功能。

数据库安全性、完整性、并发性与恢复共同形成了对数据库的保护屏障。

六、数据库设计

数据库设计是指对于一个给定的应用环境，构造相对较优的数据库模式，建立数据库及其应用系统，使之能够有效地存储数据，满足各种用户的应用需求。数据库设计理论上分需求分析、概念结构设计、逻辑结构设计、物理结构设计、数据库实施及数据库运行和维护六步完成。

需求分析：调查现实世界要处理的对象及原系统工作概况，明确用户的各种需求，确定新系统的功能，可用数据流图与数据字典描述，需求分析是整个设计过程的基础。

概念结构设计：综合、归纳需求分析得到的用户需求，抽象成信息结构，即概念模型，可用 E-R 图描述，概念设计是整个数据库设计的关键。

逻辑结构设计：把概念结构设计阶段设计好的基本 E-R 图转换为与选用 DBMS 产品所支持的数据模型相符合的逻辑结构。

物理结构设计：确定数据库在物理设备上的存取方法和存储结构。

数据库实施：包括定义数据结构、载入数据、编制与调试应用程序、数据库试运行。

数据库运行和维护：数据库试运行结果符合设计目标后，数据库就可以真正投入运行。但由于应用环境、物理存储会不断变化，数据库的评价、调整、修改等维护工作就成为一项长期的任务，也是设计工作的继续和提高。

实际运用过程中，一个完善的数据库应用系统的设计是一个循环往复的过程，在后续的任何一个阶段，只要发现问题，即可返回到前面的某一阶段修改并继续。

？ 问与答

1. 怎样理解非过程语言的非过程性？

　　答：SQL 在查询过程中要描述的是检索的数据特征，而不是如何完成查询操作的过程。如：告诉计算机，显示"1995 年之前（含 1995 年）出生的患者信息"，查询"SELECT * FROM patient WHERE yearcbirth_date)<=1995；"给出了查询对象与对象的特征，但没有告诉计算机如何去查。

2. 数据库规范化过程需消除数据的冗余，但数据冗余似乎不可避免？

　　答：要完全消除数据冗余是不可能的，只要关系存在，就会存在公共的属性，且适当的数据冗余更有利于数据的管理。

？ 思考

结合自身实际，想想哪些场合可能应用到 SQL 解决问题？

第二章　SQL Server 安装与介绍

数据库课程实验操作平台使用 SQL Server 2000 及其以上版本均可。SQL Server 各版本又有细分，如 SQL Server 2019 有 Enterprise 版、Standard 版、快速版、Developer 版、Express 版。本节以 SQL Server 2019 企业版安装为例讲解其安装过程。

一、安装准备

（一）下载 SQL Server 2019 安装包

推荐下载网址：https：//msdn. itellyou. cn/。打开网页，找到服务器选项卡下的 SQL Server 2019 选项，即可出现提供下载的版本列表，如图 2-1 所示，本书选择 SQL Server 2019 企业版，点击"详细信息"，复制相关下载链接，即可自动下载。

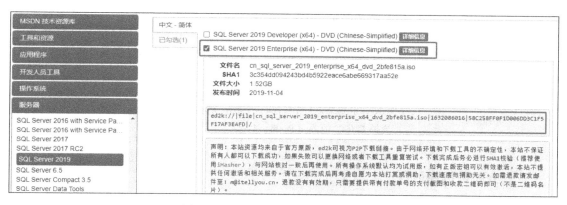

图 2-1　SQL Server 2019 推荐下载页面

　●下载前先打开迅雷软件，复制 SQL Server 2019 下载链接，即可自动下载；或者将 SQL Server 2019 下载地址复制到打开的迅雷也可实现下载。
　●如果使用仅限于数据库引擎、开发或测试，建议安装 SQL Server 免费的专用版本，可直接从微软官网下载：https：//www. microsoft. com/zh-cn/sql-server/sql-server-downloads。

（二）安装的系统要求

（1）软件环境。SQL Server 2019 企业版对软件环境要求如表 2-1 所示。

表 2-1　SQL Server 2019 企业版软件环境要求

组　件	要　　求
.NET Framework	最低版本操作系统包括最低版本 .NET 框架
Windows PowerShell	SQL Server 2019 不安装或启用 Windows PowerShell 2.0；但对数据库引擎组件和 SQL Server Management Studio，Windows PowerShell 2.0 是安装必备组件。如果安装程序报告缺少 Windows PowerShell 2.0，可以按照 Windows 管理框架页中的说明安装或启用它
网络软件	SQL Server 支持的操作系统具有内置网络软件。独立安装的命名实例和默认实例支持以下网络协议：共享内存、命名管道、TCP/IP
操作系统	Windows 10 TH1 或更高版本 Windows Server 2016 或更高版本

（2）硬件环境。SQL Server 2019 企业版硬件环境要求如表 2-2 所示。

表 2-2　SQL Server 2019 企业版硬件环境要求

组　件	要　　求
硬盘	最少 6GB 的可用硬盘空间
显示器	要求有 Super-VGA（800×600）或更高分辨率的显示器
内存	最小值：1GB 建议：至少 4GB 且随着数据库大小的增加而增加，以便确保最佳性能
处理器速度	最小值：×64 处理器，主频：1.4GHz 建议：2.0GHz 或更快
处理器类型	×64 处理器：AMD Opteron、AMD Athlon 64、支持 Intel EM64T 的 Intel Xeon、支持 EM64T 的 Intel Pentium IV

二、安装数据库引擎

（1）确定 PC 的安装环境。本书采用 Windows 10，64 位操作系统，对应的处理器及内存信息如图 2-2 所示。

（2）以管理员身份运行。双击下载的 SQL Server 2019 光盘映象文件 cn_sql_server_2019_enterprise_x64_dvd_2bfe815a. iso，右键点击 setup. exe 文件，以管理员身份启动安装，如图 2-3 所示。

（3）选择安装方式。在"SQL Server 安装中心"界面中，按图 2-4 所示，选择"安装"选项卡，点击"全新 SQL Server 独立安装或向现有安装添加功能"，开始全新 SQL Server 独立安装。

（4）Microsoft 更新。在"Microsoft 更新"窗口中直接点选"下一步"，如图 2-5 所示。

（5）输入产品密钥。在"产品密钥"窗口中输入产品密钥，点击"下一步"，如图 2-6 所示。

（6）接受许可条款。在"许可条款"窗口中勾选"我接受许可条款"，点击"下一步"，如图 2-7 所示。

（7）Microsoft 更新检查。在"Microsoft 更新"窗口中，对"使用 Microsoft 更新检查更新"选项可以勾选也可以不勾选，此处未勾选，直接单击"下一步"，如图 2-8 所示。

（8）安装规则。在"安装规则"窗口中直接点击"下一步"，如图 2-9 所示。

图 2-2　SQL Server 2019 安装环境

图 2-3　运行安装程序

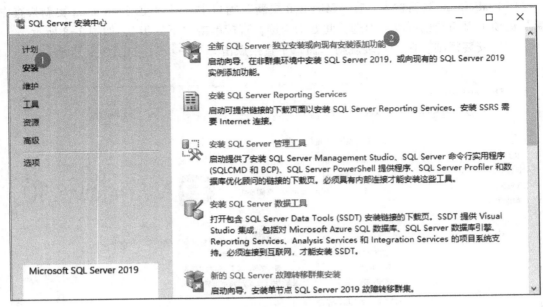

图 2-4　选择安装方式

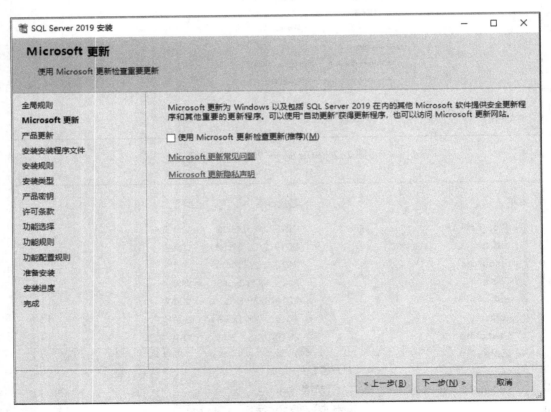

图 2-5　"Microsoft 更新"窗口

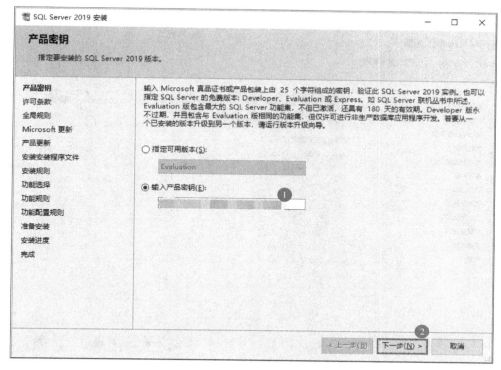

图 2-6　"产品密钥"窗口

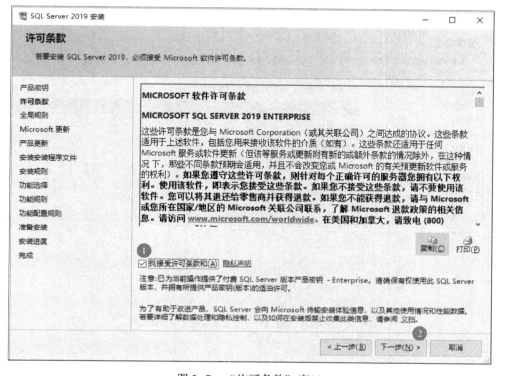

图 2-7　"许可条款"窗口

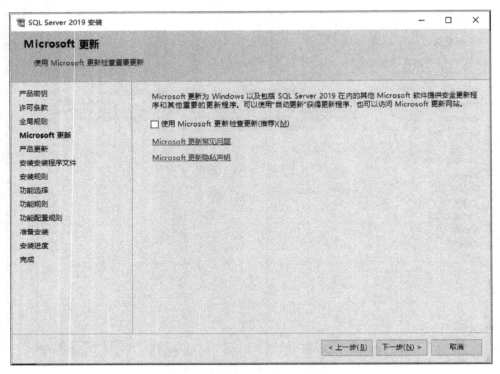

图 2-8　"产品更新"窗口

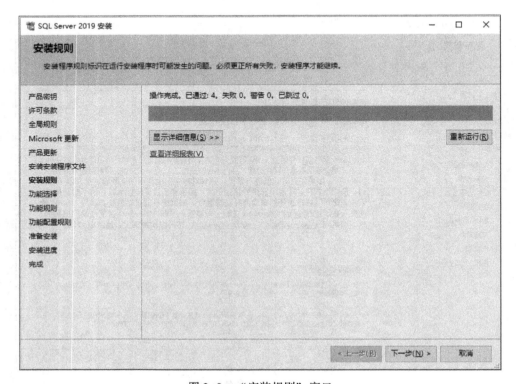

图 2-9　"安装规则"窗口

(9) 功能选择及指定实例目录。在"功能选择"窗口中勾选用户自己需要安装的 Enterprise 功能，如"数据库引擎服务"，如果用户无法准确做出选择，可以直接选择"全选"，此外，用户也可指定实例根目标，即安装目录，此处直接采用默认安装路径，再点击"下一步"，如图 2-10 所示。

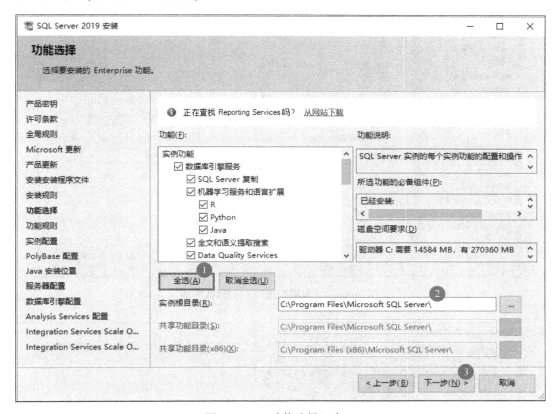

图 2-10 "功能选择"窗口

(10) 实例配置。如果本机是 SQL Server 的首个实例安装，会出现出图 2-11 所示窗口，"默认实例"处于自动勾选状态，实例 ID 系统自动采用与实例同名，当然，用户也可自行命名实例，此时，勾选"命名实例"选项，输入实例名与实例 ID 即可。如果本机已安装有 SQL Server，即非首个实例安装，会出现如图 2-12 所示窗口，窗口右下角会列出"已安装的实例"列表，"命名实例"选项自动选中，用户输入实例名与实例 ID，且输入的实例名不能与操作系统中已经存在的数据库实例名称重复，此安装将实例名命名为 MSSQLSERVER2019，再点击"下一步"。

(11) PolyBase 配置。在"PolyBase 配置"窗口中直接单击"下一步"，如图 2-13 所示。

(12) Java 安装位置。在"Java 安装位置"窗口中直接单击"下一步"，如图 2-14 所示。

(13) 服务器配置。在"服务器配置"窗口设置服务启动类型，"自动"表示开机启动，"手动"表示开机不启动，直接单击"下一步"，如图 2-15 所示。

数据库实验教程

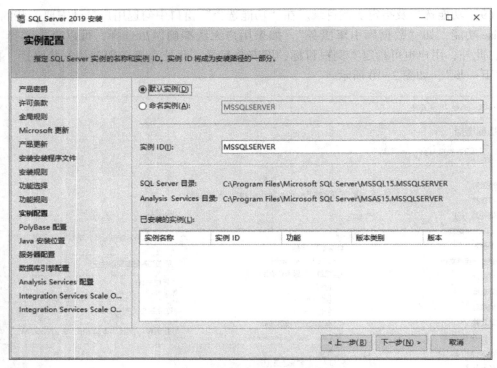

图 2-11　"实例配置"中的默认实例

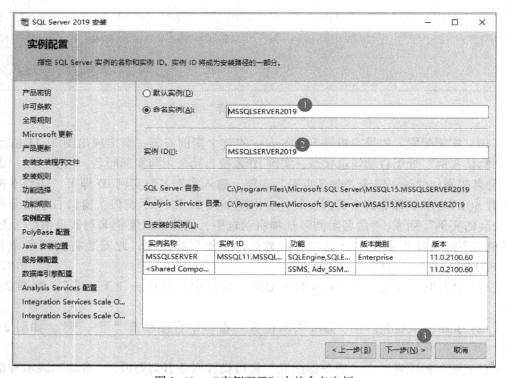

图 2-12　"实例配置"中的命名实例

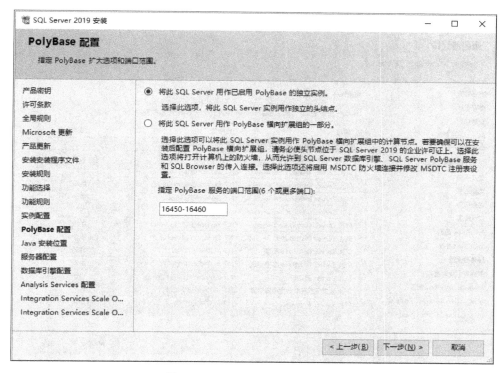

图 2-13　"PolyBase 配置" 窗口

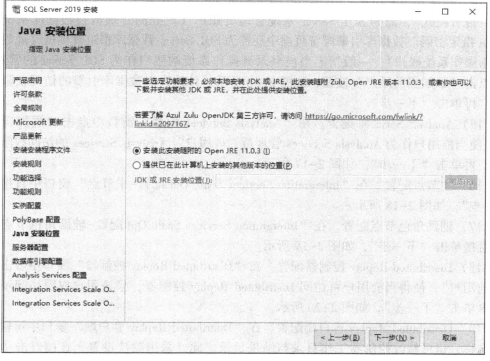

图 2-14　"Java 安装位置" 窗口

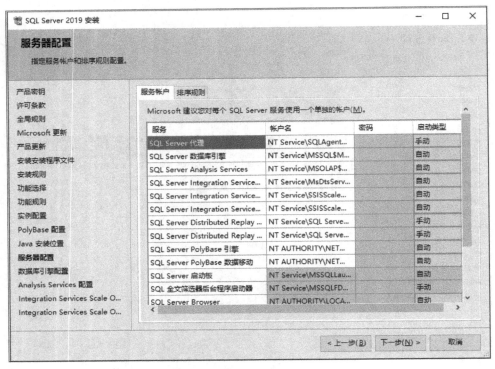

图 2-15　"服务器配置"窗口

（14）数据库引擎配置。"Windows 身份验证模式""混合模式"任选一项均可，如果勾选"混合模式"，需为 SQL Server 系统管理员账户（此处的管理员指数据库系统管理员）sa 指定密码。数据库引擎配置页面中还需为 SQL Server 数据库指定管理员（此处的管理员指操作系统账户），一般指定当前登录到操作系统的账户作为 SQL Server 的管理员，所以点击"添加当前用户"按钮，如图 2-16 所示。该用户对数据库引擎的访问权限不受限制，再单击"下一步"。

（15）Analysis Services 配置。在"Analysis Services 配置"窗口中点击"添加当前用户"，使当前用户作为 Analysis Services 管理员，该用户对 Analysis Services 的访问权限不受限制，再单击"下一步"，如图 2-17 所示。

（16）主节点配置。在"Intergration Services Scale Out 配置-主节点"窗口中直接单击"下一步"，如图 2-18 所示。

（17）辅助角色节点配置。在"Intergration Services Scale Out 配置-辅助角色节点"窗口中直接单击"下一步"，如图 2-19 所示。

（18）Distributed Replay 控制器配置。在"Distributed Replay 控制器"窗口中点击"添加当前用户"，使得当前用户可访问 Distributed Replay 控制器，且该用户权限访问不受限制，再单击"下一步"，如图 2-20 所示。

（19）Distributed Replay 客户端配置。在"Distributed Replay 客户端"窗口中可输入控制器名称，也可修改控制器工作目录与结果目录，此处采用默认设置，直接点击"下一步"，如图 2-21 所示。

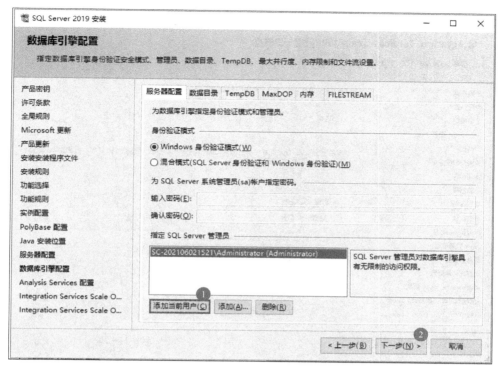

图 2-16　"数据库引擎配置"窗口

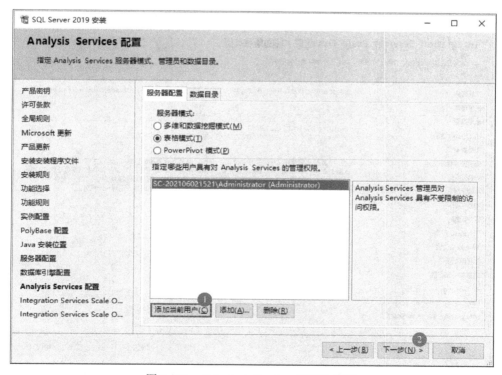

图 2-17　"Analysis Services 配置"窗口

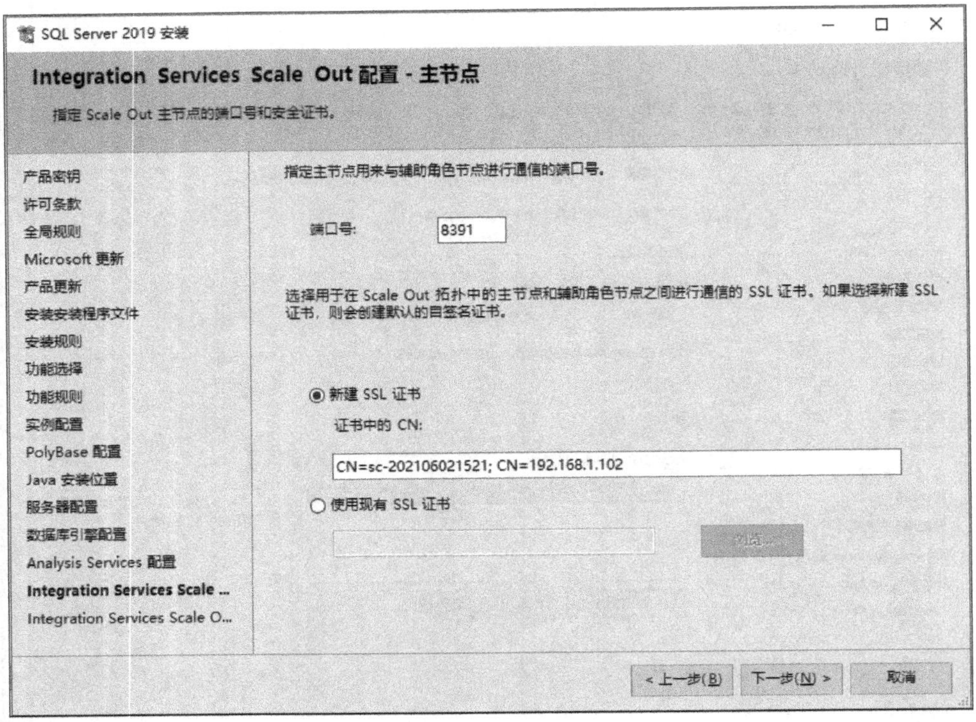

图 2-18　　"Intergration Services Scale Out 配置-主节点"窗口

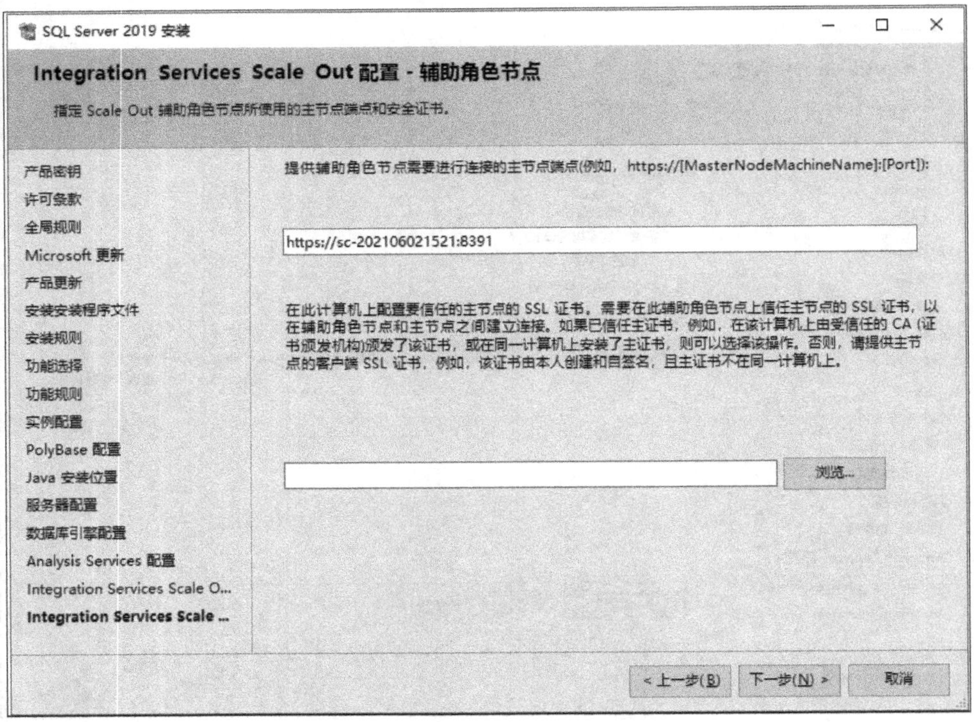

图 2-19　　"Intergration Services Scale Out 配置-辅助角色节点"窗口

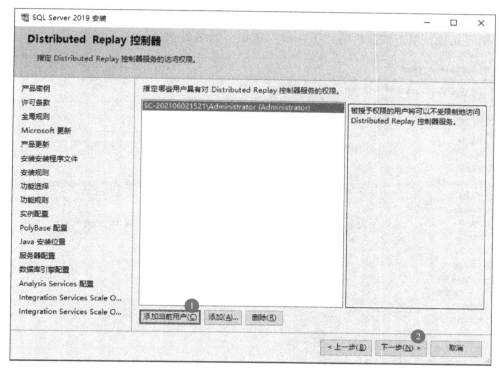

图 2-20　"Distributed Replay 控制器"窗口

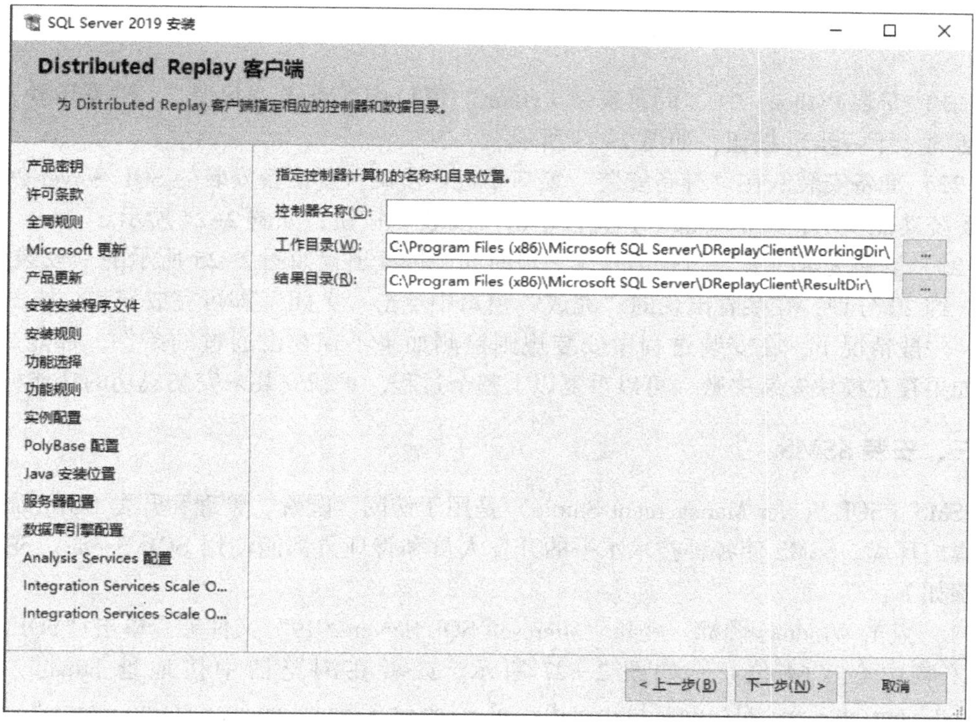

图 2-21　"Distributed Replay 客户端"窗口

（20）安装 Microsoft R Open。在"同意安装 Microsoft R Open"窗口中，点击"接受"，稍等几秒，单击被激活的"下一步"按钮，如图 2-22 所示。

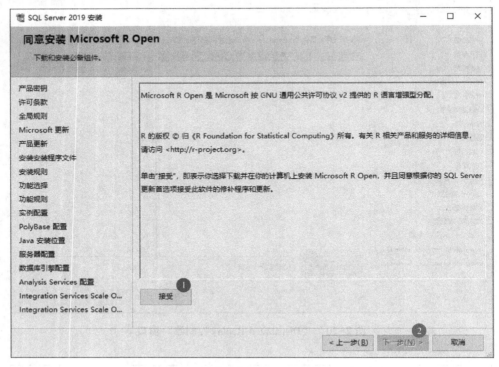

图 2-22 "同意安装 Microsoft R Open"窗口

（21）安装 Python。在"同意安装 Python"窗口中，点击"接受"，稍等几秒，单击被激活的"下一步"按钮，如图 2-23 所示。

（22）准备安装。在"准备安装"窗口中进一步确认要准备安装的 SQL Server 2019 数据库系统功能模块，确认无误后，直接单击"安装"按钮，如图 2-24 所示。

（23）安装完成。安装过程需持续一段时间，持续出现如图 2-25 所示的"安装进度"窗口，约 20 分钟，在接着出现的"完成"窗口中点击"关闭"即可完成安装，如图 2-26 所示。一般情况下，在安装过程中安装规则检测如果不存在没通过的条件，都能成功安装。如果存在模块安装失败，可以重复以上整个过程，重新安装未安装成功的功能模块。

三、安装 SSMS

SSMS（SQL Server Management Studio）是用于访问、配置、管理和开发 SQL Server 组件的集成环境。SSMS 使各种技术水平的开发人员和管理员都能使用 SQL Server。SSMS 安装步骤如下：

（1）点击 Windows 图标，展开"Microsoft SQL Server 2019"文件夹，单击"SQL Server 2019 安装中心（64 位）"，如图 2-27 所示。或者在浏览器中按地址 https：//docs. microsoft. com/zh-cn/sql/ssms/download-sql-server-management-studio-ssms？view = sql-server-ver15 直接打开 SSMS 下载页面，如图 2-28 所示，操作直接进入第（3）步。

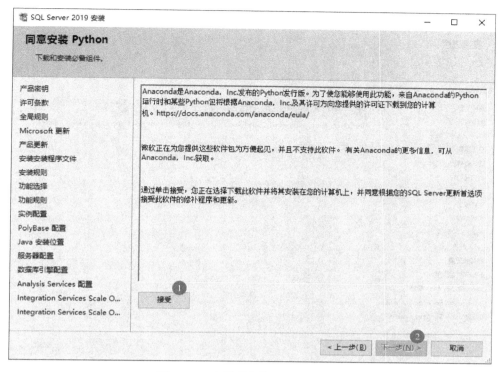

图 2-23　"同意安装 Python"窗口

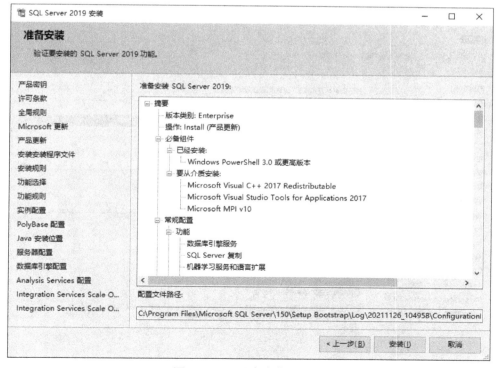

图 2-24　"准备安装"窗口

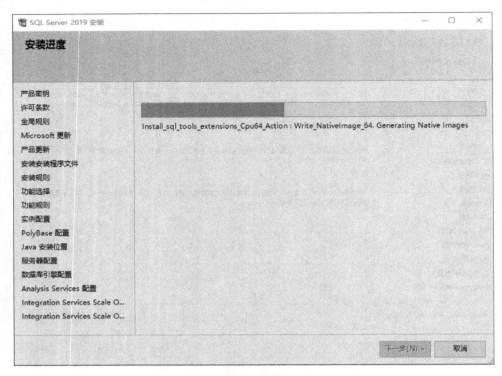

图 2-25　"安装进度"窗口

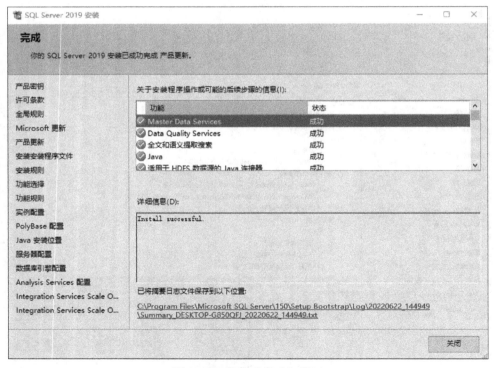

图 2-26　安装"完成"窗口

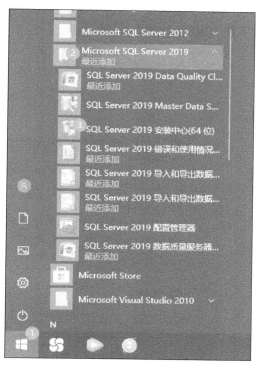

图 2-27　打开 SQL Server 安装中心

（2）在"SQL Server 安装中心"窗口中选择"安装"选项卡，单击"安装 SQL Servert 管理工具"，如图 2-28 所示。

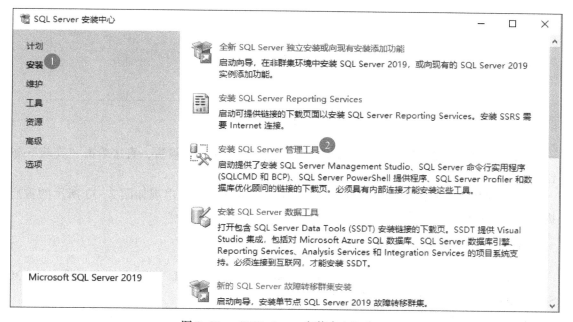

图 2-28　"SQL Server 安装中心"窗口

（3）在 Microsoft 的 SQL 文档下载页面中点击 "SQL Server Management Studio（SSMS）18.10 的免费下载" 链接下载 SSMS，如图 2-29 所示。

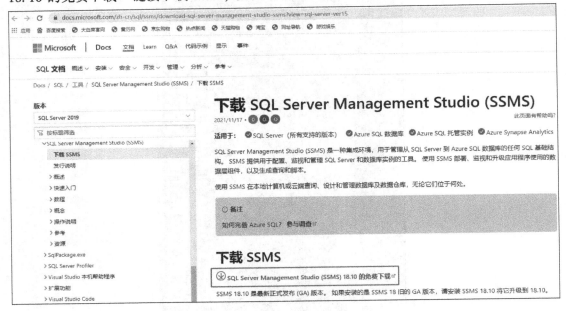

图 2-29　SSMS 下载页面

（4）右键单击下载好的 SSMS 安装文件 SSMS-Setup-CHS，点击 "以管理员身份运行"，如图 2-30 所示。

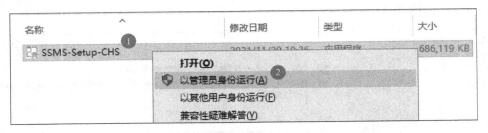

图 2-30　运行 SSMS 安装文件

（5）在 SSMS 安装窗口中可更改安装路径，此处采用默认设置，直接单击 "安装" 按钮，如图 2-31 所示。

（6）安装过程中，出现图 2-32 所示画面，等待几分钟，出现如图 2-33 所示的重启提示窗口，在该窗口中直接单击 "重新启动" 即可。

四、SQL Server 使用测试

（1）点击 Windows 图标，展开 "Microsoft SQL Server Tools 18" 文件夹，单击 "SQL Server Management Studio 18"，如图 2-34 所示。

（2）在弹出的 "连接服务器" 的页面直接单击 "连接" 按钮，登录 SQL Server 服务器 MSSQLSERVER2019，如图 2-35 所示。

图 2-31 SSMS 安装确认

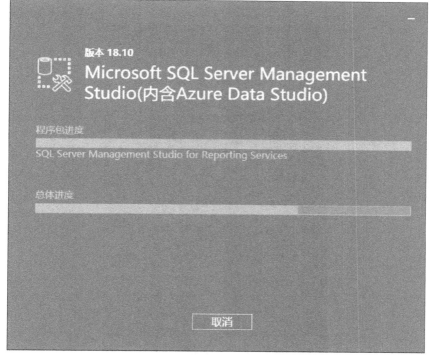

图 2-32 SSMS 安装进度显示

图 2-33　安装完成后的重启提示窗口

图 2-34　启动 SSMS

图 2-35　"连接服务器"窗口

（3）在"Microsoft SQL Server Management Studio（管理员）"窗口（如图 2-36 所示）中可看到默认打开的"对象资源管理器"，可展开查看系统自带的系统数据库等，并且可新建数据库，添加现有数据库等，正式开启数据库学习之旅。

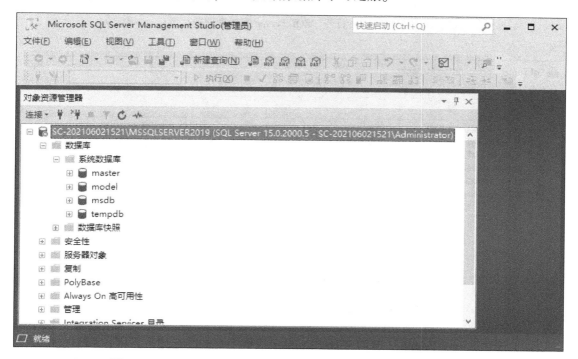

图 2-36　"Microsoft SQL Server Management Studio（管理员）"窗口

五、主要组件

（1）SQL Server 配置管理器。SQL Server 配置管理器为 SQL Server 服务、服务器协议、客户端协议和客户端别名提供基本配置管理。如图 2-37 所示，打开 "SQL Server 配置管理器"，打开的配置管理器窗口如图 2-38 所示。

图 2-37　打开 "SQL Server 配置管理器"

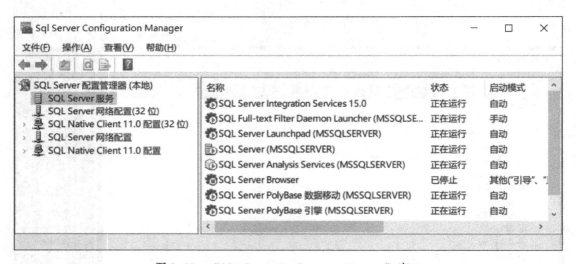

图 2-38　"SQL Server Configuration Manager" 窗口

（2）SQL Server Profiler。SQL Server Profiler 提供了一个图形用户界面，用于监视数据库引擎实例或 Analysis Services 实例。如图 2-39 所示，在 Windows 主程序栏中单击 "SQL Server Profiler 18"，打开 "SQL Server Profiler" 窗口，在该窗口中可以新建跟踪，对 SQL

Server 服务器的运行状态实行实时、动态跟踪，如图 2-40 所示。

图 2-39　Windows 主程序栏

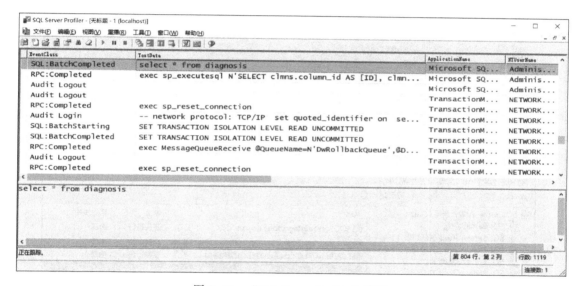

图 2-40　"SQL Server Profiler" 窗口

（3）数据库引擎优化顾问。数据库引擎优化顾问可以协助创建索引、索引视图和分区的最佳组合。可如图 2-39 所示，打开 "数据库引擎优化顾问" 窗口，打开后的窗口如图 2-41 所示。

六、数据库服务的启用、停止与重启

数据库服务的启用与停止常用的方式有以下三种：

（1）通过 SQL Server 配置管理器。通过开始菜单打开 SQL Server 配置管理器，如图 2-42 所示，右键点选 SQL Server 服务下的 SQL Server（MSSQLSERVER），可以根据菜单上的启动、停止、重新启动来启动或停止数据库服务。需要说明的是，此截图在另一台物理机完成，该设备采用的是 SQL Server 2019 的默认实例安装方式，实例名为 MSSQLSERVER，如果是上文中的命名实例方式，此处应该是 SQL Server（MSSQLSERVER2019）实例名，后续的操作截图等均在默认安装的实例上进行。

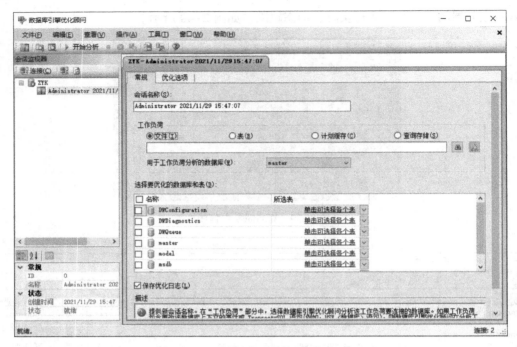

图 2-41　　"数据库引擎优化顾问"窗口

图 2-42　SQL Server 配置管理器

开始菜单中找不到 SQL Server 配置管理器怎么办?

解决方法:可按路径 C：\ Windows \ SysWOW64 \ SQLServerManager15. msc 打开 SQL Server 配置管理器。

（2）使用 SSMS。在对象资源管理器中，右键单击要启动的数据库引擎的实例，然后单击"启动""停止"或"重新启动"，如图 2-43 所示。

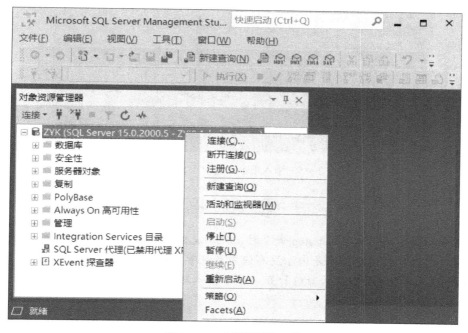

图 2-43　对象资源管理器

（3）在命令提示符窗口中使用 net 命令。以管理员身份运行"命令提示符"应用，如图 2-44 所示，输入命令"net stop MSSQLSERVER"停止服务，运行界面如图 2-45 所示，在服务停止的情况下，也可输入"net start MSSQLSERVER"，以启动服务。

图 2-44　以管理员身份运行"命令提示符"应用

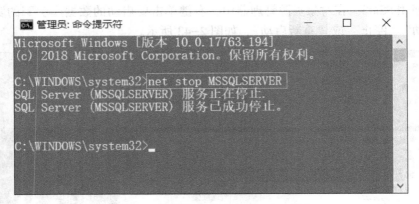

图 2-45　输入指令停止 SQL Server 服务

　　在命令提示符下输入 net stop 命令时，提示发生系统错误 5，拒绝访问，为什么？

　　解决方法：该问题可能是由于没有使用系统管理员身份运行命令提示。可以按图 2-44 所示，以系统管理员的身份打开"命令提示符"，再尝试。

?　问与答

一个 PC 上可以安装多个版本的 SQL Server 吗？

答：可以，每个版本的安装需创建不同的实例名，安装在不同的文件夹下。

第三章 样本数据库

本章共列出 5 个样本数据库，所有数据库均给出了样例数据，此外，医患关系数据库给出了数据结构。后续章节主要围绕第一个样本数据库——医患关系数据库，展示了数据库的建立、数据的输入、查询与更新、数据的导入与导出、数据库的备份、数据的应用等多种操作过程。在具体实验过程中，可以选择性参考学生课程数据库、基因表达数据库、文献计量数据库、专利数据库或其他特色数据库作为实验用操作数据库。

一、医患关系数据库

医患关系数据库反映的是一个经过精简的医患关系：患者找医师就诊，形成诊断数据。数据库中要求存储患者信息、医师信息、诊断信息，并能就相关信息进行查询与统计操作。

（一）数据结构

医患关系数据库（后简称 HISDB）包含 3 张基本表：医师信息表（doctor）、患者信息表（patient）、诊断信息表（diagnosis）。3 张表的数据结构分别见表 3-1~表 3-3。

表 3-1 医师信息表数据结构（doctor）

字段名	数据类型	主/外码	可否空值	中文含义	备注
doctor_id	char（4）	主码	×	医师标识号	
doctor_name	nvarchar（50）		×	医师姓名	
title	nvarchar（50）		√	职称	

表 3-2 患者信息表数据结构（patient）

字段名	数据类型	主/外码	空值	中文含义	备注
patient_id	char（5）	主码	×	患者标识号	
patient_name	nvarchar（50）		×	患者姓名	
sex	nvarchar（2）		√	性别	默认值：男
birth_date	date		√	出生日期	
marriage_state	nchar（4）		√	婚姻状态	

表 3-3 诊断信息表数据结构（diagnosis）

字段名	数据类型	主/外码	可否空值	中文含义	备注
diag_id	char（18）	主码	×	诊断标识号	需满足编码规则
patient_id	char（5）	外码	×	患者姓名	

字段名	数据类型	主/外码	可否空值	中文含义	备注
diag_name	nvarchar（50）		×	诊断名称	
doctor_id	char（4）	外码	×	医师标识号	
dept_name	nvarchar（50）		√	科室名称	
diag_datetime	datetime		×	诊断时间	

注：字段 diag_id 的编码规则：diag_id =｛××××××××｜｜×｜｜×××××｝。

其中：1~8 位是就诊日期，11 位是当次诊断疾病的编号，14~18 位是患者编号。

样例数据：20170621｜｜2｜｜10023。20170621 表示就诊日期，第 11 位的 2 表示一次诊断得出的第 2 种疾病，10023 表示患者编号。

（二）样本数据

（1）医师信息表（doctor），如表 3-4 所示。

表 3-4 医师样本数据

编号	doctor_id	doctor_name	title
1	0222	韩伟	副主任医师
2	0400	李平	主治医师
3	0545	帅阳	主治医师
4	1534	骆云清	副主任医师
5	1773	戴雪梅	主任医师
6	2105	谢惹愚	主任医师
7	2233	张红	副主任医师
8	2400	彭书	副主任医师
9	3783	易色	主任医师
10	4300	段奕	主治医师
11	6480	许铭	主任医师
12	6951	陈伟	主任医师
13	7204	刘如瑛	副主任医师
14	7593	林建	副主任医师
15	8712	万紫	主治医师
16	8933	张星	主任医师
17	9380	郭菁	副主任医师
18	9951	谭凯	主治医师

（2）患者信息表（patient），如表 3-5 所示。

表 3-5　患者样本数据

编号	patient_id	patient_name	sex	birth_date	marriage_state
1	00001	潘雨林	女	1972-12-21	已婚
2	00002	彭新	男	1965-12-04	已婚
3	00003	张建新	女	1953-11-08	NULL
4	00004	叶华	男	1971-10-12	已婚
5	00005	罗遥	男	1934-08-17	NULL
6	00010	张重	男	2012-01-05	未婚
7	00011	任辰	男	1982-12-10	NULL
8	00012	陈满	女	1952-09-23	NULL
9	00013	吴珈	男	2006-07-23	NULL
10	00014	韩平	男	1957-06-06	已婚
11	00019	李瑞	男	1956-10-10	已婚
12	00020	向玄瑞	男	2009-01-05	NULL
13	00021	邹瑜	女	1987-01-10	已婚
14	00022	陈华	女	2009-08-15	未婚
15	00027	陈婷	女	2002-08-14	NULL
16	00030	朱笃	男	1948-08-015	NULL
17	00034	胡子轩	男	1955-02-20	已婚
18	00037	谭绍芸	女	1949-06-18	已婚
19	00038	周小文	男	2006-12-12	NULL

（3）诊断信息表（diagnosis），如表 3-6 所示。

二、学生课程关系数据库

学生课程关系数据库反映的是一个经过精简的学生选课关系：学生选修课程，形成选课数据。数据库中要求存储学生信息、课程信息、选课信息。

学生课程数据库作为学生实验用自建数据库，只给出数据对象及字段、部分样例数据。

（1）学生信息表，如表 3-7 所示。

表 3-6　诊断样本数据

编号	diag_id	patient_id	diag_name	doctor_id	dept_name	diag_datetime
1	20140115｜1｜1｜00012	00012	糖尿病	7593	内分泌门诊	2014-01-15 16:25:46.000
2	20141102｜1｜1｜00010	00010	健康查体	9380	儿科门诊	2014-11-02 08:17:50.000
3	20141104｜1｜1｜00010	00010	维生素 D 缺乏	9380	儿科门诊	2014-11-04 15:30:01.000
4	20151210｜1｜1｜00011	00011	急性白血病	1534	血液内科门诊	2015-12-10 12:27:29.000
5	20160114｜1｜1｜00005	00005	高血压	9951	心血管内科门诊	2016-01-14 08:58:14.000
6	20160114｜1｜2｜00005	00005	冠状动脉粥样硬化性心脏病	9951	心血管内科门诊	2016-01-14 08:58:15.000
7	20160114｜1｜3｜00005	00005	不稳定性心绞痛	9951	心血管内科门诊	2016-01-14 08:58:18.000
8	20171026｜1｜1｜00038	00038	血小板减少	8933	儿科门诊	2017-10-26 10:28:39.000
9	20171026｜1｜1｜00037	00037	高血压	4300	心血管内科门诊	2017-10-26 10:45:49.000
10	20171026｜1｜2｜00037	00037	冠状动脉粥样硬化性心脏病	4300	心血管内科门诊	2017-10-26 10:45:57.000
11	20171026｜1｜3｜00037	00037	肾功能不全	4300	心血管内科门诊	2017-10-26 10:46:08.000
12	20171026｜1｜1｜00027	00027	多发性大动脉炎	0545	儿科门诊	2017-10-26 10:52:53.000
13	20171026｜1｜1｜00034	00034	急性非淋巴细胞性白血病 M3 型	3783	血液内科门诊	2017-10-26 15:34:41.000
14	20171026｜1｜1｜00020	00020	急性白血病	7204	儿科门诊	2017-10-26 15:36:37.000
15	20171026｜1｜1｜00014	00014	慢性淋巴细胞性白血病	0222	血液内科门诊	2017-10-26 16:01:38.000
16	20171026｜1｜1｜00013	00013	咳嗽	6480	儿科门诊	2017-10-26 16:30:34.000
17	20171026｜1｜1｜00001	00001	甲状腺功能减退	1773	内分泌门诊	2017-10-26 16:45:20.000
18	20171027｜1｜1｜00002	00002	扩张性心肌病	0400	心血管内科门诊	2017-10-27 07:54:59.000
19	20171027｜1｜2｜00002	00002	ICD 植入术后	0400	心血管内科门诊	2017-10-27 07:55:09.000
20	20171027｜1｜1｜00022	00022	白血病	8712	儿科门诊	2017-10-27 08:21:56.000
21	20171027｜1｜1｜00003	00003	多发性骨髓瘤	0222	血液内科门诊	2017-10-27 16:37:03.000
22	20171027｜1｜1｜00019	00019	甲状旁腺功能减退	2105	内分泌门诊	2017-10-27 16:48:03.000
23	20171027｜1｜1｜00021	00021	糖尿病	2233	内分泌门诊	2017-10-27 17:45:33.000
24	20171027｜1｜2｜00021	00021	甲状腺功能减退	2233	内分泌门诊	2017-10-27 17:45:35.000

表 3-7 学生样本数据

学号	姓名	性别	年龄	所在系
21001	李彬	女	20	CS
21002	王晨	男	18	IS
21003	刘敏	女	18	MA
21004	张力	男	19	IS

（2）课程信息表，如表 3-8 所示。

表 3-8 课程样本数据

课程号	课程名	先行课	学分
1	数据库原理	5	4
2	高等数学		2
3	管理信息系统	1	4
4	操作系统	6	3
5	数据结构	7	4
6	数据处理		2
7	高级程序设计语言	6	4

（3）学生选课信息表，如表 3-9 所示。

表 3-9 学生选课样本数据

学号	课程号	成绩
21001	1	95
21001	2	83
21001	3	88
21002	2	91
21002	3	76

三、基因表达数据库

基因表达数据库是 GEO（Gene Expression Omnibus）多芯片数据分析对应的数据结构的一个浓缩，就某平台下的 2 张芯片数据做了精简，相关专业的读者可结合数据库的学习，借助 SQL Server 实操平台，理解数据库模式下多芯片数据的预处理与统计工作。

（一）数据结构

基因表达数据库包含 4 张表：平台信息表（GPL5175）、探针矩阵（GSE33335）、探针矩阵（GSE56807）、基因名与基因 ID 之间的对照关系表（gene2accession）。4 张表的数据结构分别见表 3-10~表 3-12。其中平台信息表是一个注释文件，表示探针与基因的对应关系。探针矩阵 GSE33335、GSE56807 的表达含义相同，表示的是探针在不同样品中的表达量。

表 3-10　平台信息表数据结构（GPL5175）

字段名	数据类型	主/外码	可否空值	含　义
ID	int	主码	×	记录标识号，即探针号
GB_LIST	nvarchar（100）		×	基因 ID

表 3-11　探针矩阵表数据结构（GSE33335、GSE56807）

字段名	数据类型	主/外码	空值	含　义
ID_REF	int	主码	×	探针号，含义同平台信息表中的 ID 字段
GSM824327	decimal（10，6）		×	样本数据
…	decimal（10，6）		×	样本数据

表 3-12　基因 Symbol 与基因 Bank 之间的对照关系表数据结构（gene2accession）

字段名	数据类型	主/外码	可否空值	含义	备注
GeneID	int		×	gene 的 entrez ID	
status	nvarchar（50）		×	状态	
RNA_nucleotide_accession. version	nvarchar（50）	主码	×	版本号	小数点前为基因 ID
Symbol	nvarchar（50）		×	基因名	

（二）样本数据

（1）GPL5175 平台信息表，如表 3-13 所示。

表 3-13　GPL5175 平台样本数据

ID	GB_LIST
2661919	AB024705，BC052614，AK300175，AK093066，AK122938，AK225925，BC043244，AK093025
2939886	AF258559
2939892	NM_020408，NM_001164841，NM_001164840，AK291158
2939935	NM_020408，NM_001164841，AF258559
2939937	NM_020408，NM_001164841，AF258559
2985332	AB016902
3041519	NM_013293，AK298815
3041550	AB052759，AK298815
3060095	AB007455，NR_015381
3124227	NM_173683，NR_030328，AY534244
3124333	AB073660
3222404	AB021923，BC120871

续表 3-13

ID	GB_LIST
3359230	AB029488，NM_001142946
3542246	AF193053，D89667，AK027828，AK096726
3727449	NM_005486，AK303913
3727499	AB065085
3763148	NM_004375，NR_027941，NR_027942，NM_001162861，NM_001162862，NM_005486，AF044321
3787640	AB027121
3920512	AB066100，BC066653，AB212288，AB212289
4052881	AB096683，BC146978，BC035696，BC137545，BC137546，BC046199，DQ786198，DQ786235

（2）GSE33335 探针矩阵，如表 3-14 所示。GSE33335 探针矩阵共包含 10 个样本，其中，4 个对照组（GSM824327～GSM824330），6 个试验组（GSM824352～GSM824357）。

表 3-14　GSE33335 探针矩阵样本数据

ID_REF	GSM824327	GSM824328	GSM824329	GSM824330	GSM824352	GSM824353	GSM824354	GSM824355	GSM824356	GSM824357
3060095	4.159038	4.193021	4.466661	3.910084	4.582578	4.25088	4.068854	4.904926	3.732379	3.742969
2985332	3.749372	3.900311	3.800091	3.737547	3.68128	3.674181	3.705267	3.715401	3.67032	3.748123
3222404	3.201643	3.203917	3.154269	3.189716	3.174349	3.197974	3.191162	3.189337	3.175729	3.181688
2661919	3.758486	3.883333	3.744177	4.047337	3.992329	4.009495	3.780658	3.92576	3.760931	3.824284
3787640	3.297578	3.399251	3.274187	3.308819	3.228389	3.189266	3.38114	3.27185	3.408821	3.280988
3359230	3.630708	3.746904	3.511856	3.516379	3.549488	3.480689	3.545024	3.445765	3.42281	3.530261
3041550	3.798004	3.652986	3.896337	3.688895	3.713672	3.827843	3.892205	3.855957	4.22092	3.505643
3727499	3.610307	3.54215	3.598452	3.495261	3.680422	3.894603	3.625326	3.56139	3.455891	3.557858
3920512	3.306431	3.259775	3.26718	3.283505	3.32604	3.265277	3.272195	3.275421	3.279878	3.33929
3124333	3.525446	3.397108	3.711053	3.892085	3.300837	3.215855	3.359457	3.565073	3.58005	3.375118
4052881	3.320576	3.484238	3.332069	3.634057	3.715501	4.401865	4.360754	4.961082	4.299123	4.254363
3542246	3.224414	3.275959	3.20235	3.209994	3.197617	3.230837	3.21713	3.219147	3.189436	3.224082
2939886	3.609357	3.256386	3.467817	3.538372	3.519924	3.254398	3.4664	4.17081	6.446804	3.202535
3360182	3.222203	3.236192	3.26757	3.168175	3.250723	3.22208	3.241486	3.23384	3.221903	3.230308
3082590	3.57365	3.473749	3.482293	3.36636	3.27196	3.449143	3.43737	3.519969	3.376846	3.50687
2804277	3.311877	3.299433	3.396553	3.279372	3.256498	3.439666	3.275433	3.273464	3.266054	3.279753
3041519	4.880297	4.965955	4.942902	4.91921	5.253025	5.459419	5.268569	5.612637	5.762494	5.29985
3727449	4.599947	4.740187	5.012406	5.104974	4.046792	5.060067	4.775958	5.173046	3.978897	5.038936
2939892	4.078731	4.39164	4.321716	4.298299	4.952757	5.669733	4.528441	5.39451	4.054176	4.832217

（3）GSE56807 探针矩阵，如表 3-15 所示。GSE56807 探针矩阵共包含 10 个样本，其中，5 个试验组（GSM1369632 ～ GSM1369636），5 个对照组（GSM1369637 ～ GSM1369641）。

表 3-15　GSE56807 探针矩阵样本数据

ID_REF	GSM1369632	GSM1369633	GSM1369634	GSM1369635	GSM1369636	GSM1369637	GSM1369638	GSM1369639	GSM1369640	GSM1369641
3060095	4.516074	4.546891	4.295375	4.911397	4.293421	4.521071	4.331982	4.67024	3.733693	4.236838
2985332	5.695249	5.856918	5.620448	5.557265	4.789453	6.053831	4.999313	6.265881	5.397692	5.755153
3222404	1.943969	1.666103	1.912825	1.820038	1.872311	1.837828	1.331057	1.831048	2.430327	1.809611
2661919	5.260045	5.175414	5.588165	5.976883	4.804008	4.964691	4.79465	4.87847	4.83213	4.83213
3787640	1.948767	3.638624	3.15013	2.361738	2.832	2.419936	1.723925	2.954271	3.972356	3.496706
3359230	5.35853	4.820368	5.449919	5.540455	3.696421	4.567892	4.473561	5.046078	5.232703	5.199609
3041550	5.351764	5.275469	5.245123	5.287452	4.948623	4.983986	5.279045	5.425595	3.771998	4.011402
3727499	3.099701	4.760676	2.940664	3.3345	2.416802	2.105726	3.711967	3.420899	1.676465	2.991353
3920512	2.643029	2.10153	2.740566	2.508924	2.425932	2.848588	1.558932	2.574461	3.140247	2.373599
3124333	3.311066	5.265016	4.251798	4.014577	3.544164	2.608645	4.193688	4.519505	3.084446	3.197222
3727449	7.688426	8.892812	6.958901	6.878555	5.519016	3.377645	6.645621	4.139958	5.025848	6.815711
3041519	5.371911	5.499806	5.90401	6.409723	4.982301	3.728357	4.923074	4.748713	3.813884	3.576259

（4）基因 Symbol 与基因 Bank 之间的对照关系表，如表 3-16 所示。

表 3-16　基因 Symbol 与基因 Bank 对照关系样本数据

GeneID	status	RNA_nucleotide_accession. version	Symbol
11257	—	AB007455.1	TP53TG1
11257	PREDICTED	NR_015381.1	TP53TG1
11257	SUPPRESSED	NM_007233.1	TP53TG1
100128124	—	AB016902.2	HGC6.3
58483	—	AB021923.1	LINC00474
58483	—	BC120871.2	LINC00474
58483	—	BC128039.1	LINC00474
58483	—	HG502368.1	LINC00474
29896	—	AK298815.1	TRA2A
29896	REVIEWED	NM_013293.4	TRA2A
10040	—	AB065085.1	TOM1L1
10040	—	AK303913.1	TOM1L1
10040	—	AK309164.1	TOM1L1
10040	VALIDATED	NM_005486.2	TOM1L1
257203	—	AB066100.1	DSCR9
257203	—	AB212288.1	DSCR9
257203	—	AB212289.1	DSCR9
257203	—	BC066653.1	DSCR9
286046	—	AB073660.1	XKR6
286046	—	AY534244.1	XKR6

续表 3-16

GeneID	status	RNA_nucleotide_accession. version	Symbol
286046	PROVISIONAL	NM_173683. 3	XKR6
728833	—	AB096683. 1	FAM72D
100862697	—	AF193053. 1	ERVK3-2
100862697	—	AK027828. 1	ERVK3-2
100862697	—	AK096726. 1	ERVK3-2
57128	—	AF258559. 1	LYRM4
57128	—	AK291158. 1	LYRM4
57128	VALIDATED	NM_001164840. 2	LYRM4
57128	VALIDATED	NM_001164841. 2	LYRM4
57128	VALIDATED	NM_020408. 5	LYRM4
51066	—	AB024705. 1	SSUH2
51066	—	AK057972. 1	SSUH2
51066	—	AK093025. 1	SSUH2
51066	—	AK093066. 1	SSUH2
51066	—	AK122938. 1	SSUH2
51066	—	AK225925. 1	SSUH2
51066	—	AK300175. 1	SSUH2
51066	—	BC025690. 1	SSUH2
51066	—	BC043244. 1	SSUH2
51066	—	BC052614. 1	SSUH2
84322	—	AB027121. 1	C18orf12
29125	—	AB029488. 1	C11orf21
29125	PREDICTED	NM_001142946. 1	C11orf21
29125	PREDICTED	NR_024621. 1	C11orf21

四、文献计量数据库

文献计量数据库反映了作者在不同期刊上的发文情况。该数据库由期刊信息、作者信息、论文信息 3 个数据表组成，表中数据来源于 CNKI、万方等公开期刊文献数据库。

（1）期刊信息表，如表 3-17 所示。

表 3-17 期刊样本数据

期刊名称	类型	主办单位	ISSN	创刊时间
计算机科学	月刊	重庆西南信息有限公司	1002-137X	1974 年
中华医学图书情报杂志	月刊	中国人民解放军医学图书馆	1671-3982	1991 年
中国医院管理	月刊	黑龙江省卫生发展研究中心	1001-5329	1981 年
吉首大学学报（社会科学版）	双月刊	吉首大学	1007-4074	1980 年

期刊名称	类型	主办单位	ISSN	创刊时间
中国医学伦理学	月刊	西安交通大学	1001-8565	1988 年
生物医学工程学进展	季刊	上海市生物医学工程学会	1674-1242	1980 年
单片机与嵌入式系统应用	月刊	北京航空航天大学	1009-623X	2001 年
电子技术与软件工程	半月刊	中国电子学会	2095-5650	2012 年
中国临床药理学杂志	半月刊	中国药学会	1001-6821	1985 年
中国医学装备	月刊	中国医学装备协会	1672-8270	2004 年
上海保险	月刊	上海《上海保险》杂志社	1006-1320	1984 年
中国数字医学	月刊	国家卫生健康委医院管理研究所	1673-7571	2006 年
医疗卫生装备	月刊	军事医学科学院卫生装备研究所	1003-8868	1980 年
医学信息学杂志	月刊	中国医学科学院	1673-6036	1979 年
中华保健医学杂志	双月刊	解放军总后勤部卫生部保健局	1674-3245	1999 年

（2）作者信息表，如表 3-18 所示。

表 3-18　作者样本数据

作　者	机　　构
李超民	北京市医疗器械评审中心
何晓琳	中国医学科学院信息研究所
韦哲	兰州理工大学
李力恒	黑龙江中医药大学
罗晓兰	上海中医药大学
毛彤	中国电信股份有限公司北京研究所
姚佳斌	上海立信会计金融学院
修晓蕾	中国医学科学院信息研究所
陈曦	中国医学科学院信息研究所
蔻家华	中国信息通信研究院
刘惠惠	中国信息通信研究院
袁蒙	西安工程大学

（3）论文信息表，如表 3-19 所示。

表 3-19　论文样本数据

论 文 标 题	第一作者	期刊	时间	引用	下载
可穿戴医疗设备技术审评概要研究	李超民	首都食品与医药	2017 年	2	121
健康医疗可穿戴设备数据安全与隐私研究进展	何晓琳	中华医学图书情报杂志	2016 年	2	243
基于移动医疗的可穿戴设备数据集成平台典型案例探析	孙小廉	医学信息学杂志	2016 年	4	321
移动背景下医疗健康可穿戴设备的数据生命周期	何晓琳	医学信息学杂志	2016 年	22	731

论 文 标 题	第一作者	期刊	时间	引用	下载
可穿戴设备在医院诊疗中的应用研究进展	韦哲	中国医学装备	2017 年	8	434
基于数据挖掘技术的可穿戴医疗设备异常自动监测研究	李力恒	自动化与仪器仪表	2020 年	1	109
智能可穿戴式医疗设备在医疗数据信息安全中的应用	李力恒	自动化与仪器仪表	2020 年	2	372
基于医疗健康可穿戴设备的城市智能养老服务模式研究	罗晓兰	兰州学刊	2017 年	13	1063
健康医疗可穿戴设备与医疗模式创新	罗晓兰	中华健康管理学杂志	2016 年	10	2
可穿戴设备综合分析及建议	毛彤	电信科学	2014 年	80	3080
可穿戴设备市场潜力巨大 运营商需找准突破口尽快切入	毛彤	世界电信	2014 年	0	165
InsurTech 的现有模式及发展建议	姚佳斌	保险职业学院学报	2017 年	8	252
InsurTech 发展现状概述	姚佳斌	上海保险	2017 年	10	392
健康医疗可穿戴设备数据安全与隐私保护存在的问题及对策	修晓蕾	中华医学图书情报杂志	2017 年	5	363

五、专利数据库

专利数据库是对专利类目信息、专利申请信息的缩影数据表达，该数据库由专利类目表、专利申请表组成，反映了专利申请人、发明人对某类目下某专利的申请描述。

（1）专利类目表，如表 3-20 所示。

表 3-20 专利类目样本数据

分类号	描 述	上级分类号
A	人类生活必需	
A01	农业；林业；畜牧业；狩猎；诱捕；捕鱼	A
A01H	新植物或获得新植物的方法；通过组织培养技术的植物再生	A01
A01H1/06	产生突变的方法，如用化学物质或用辐射方法处理（用遗传工程使植物细胞或植物组织发生特定突变入 C12N 15/00）	A01H
A61	医学或兽医学；卫生学	A
A61B	诊断；外科；鉴定	A61
A61B1/00	用目视或照相检查人体的腔或管的仪器，例如内窥镜；其照明装置	A61B
A61B1/005	可弯曲的内窥镜	A61B1/00
A61C	牙科；口腔或牙齿卫生的装置或方法（不带驱动的牙刷入 A46B；牙科制品入 A61K 6/00 清洁牙齿或口腔的配制品入 A61K 8/00，A61Q 11/00）	A61
A61C1/00	牙科钻孔或切割机械	A61C
A61C1/02	以牙科工具的驱动为特征的	A61C1/00
A61C1/04	脚踏驱动或手动驱动的	A61C1/00
A61F	可植入血管内的滤器；假体；为人体管状结构提供开口或防止其塌陷的装置	A61

续表 3-20

分类号	描　　述	上级分类号
A61F13/00	绷带或敷料	A61F
A61F13/02	膏药或敷料	A61F13/00
A61K	医用、牙科用或梳妆用的配制品	A61
A61K31/00	含有机有效成分的医药配制品	A61K
A61K31/01	·烃类化合物	A61K31/00
A61K31/015	··碳环族	A61K31/01
B	作业；运输	
B82	超微技术	B
B82Y	纳米结构的特定用途或应用；纳米结构的测量或分析；纳米结构的制造或处理	B82
B82Y5/00	纳米生物技术或纳米药物，例如：蛋白质工程和药物传递	B82Y
C	化学；冶金	
C07	有机化学	C
C07K	肽	C07
C07K16/00	免疫球蛋白，例如，单克隆或多克隆抗体	C07K
C07K16/08	·抗来自病毒的物质	C07K16/00
C07K16/30	·来自肿瘤细胞	C07K16/00
G	物理	
G01	测量；测试	G 物理
G01N	借助于测定材料的化学或物理性质来测试或分析材料	G01
G01N30/00	利用吸附作用、吸收作用或类似现象，或者利用离子交换，例如色谱法将材料分离成各个组分，来测试或分析材料	G01N
G01N33/53	···免疫测定法；生物特异性结合测定；相应的生物物质	G01N30/00
G01N33/534	······带有放射性标记的	G01N33/53

注：描述字段中的"·"的数量表示专利分类子级层数。

（2）专利申请表，如表 3-21 所示。

表 3-21　专利申请样本数据

IPC 分类号	类号说明	申请号	申请日	专利名称	原始申请人	当前申请人	发明人	当前状态
A01H1/06	改良基因型的方法·产生突变的方法，如用化学物质或用辐射方法处理	CN201610141846.6	2016-03-14	一种利用非遗传物质对植物基因组进行定点改造的方法	中国科学院遗传与发育生物学研究所	中国科学院遗传与发育生物学研究所	高彩霞；梁振；王延鹏；单奇伟；宋倩娜	授权

续表 3-21

IPC 分类号	类号说明	申请号	申请日	专利名称	原始申请人	当前申请人	发明人	当前状态
A01H1/06	改良基因型的方法·产生突变的方法，如用化学物质或用辐射方法处理	CN20088 0120735.0	2008-11-12	通过修饰特定细胞色素 P450 基因改变烟草生物碱含量	北卡罗来纳州立大学肯塔基大学研究基金会	北卡罗来纳州立大学肯塔基大学研究基金会	R·E·德维；B·斯明茨基；S·W·鲍文；L·贾维拉诺	授权
A61C1/02	牙科钻孔或切割机械·以牙科工具的驱动为特征的	CN20078 0048112.2	2006-10-26	牙床冲孔设备	任斗万	任斗万	任斗万	撤回
A61C1/04	牙科钻孔或切割机械··脚踏驱动或手动驱动的	CN20181 0545512.4	2018-05-25	一种牙科手术用清洁装置	成都君硕睿智信息科技有限公司	成都君硕睿智信息科技有限公司	张德彬	撤回
A61F13/02	绷带或敷料·膏药或敷料	CN20118 0012242.7	2011-03-14	上皮形成方法、敷料以及系统	凯希特许有限公司	凯希特许有限公司	迈克尔·曼畏林；罗伯特·佩顿·威尔克斯；布莱登·梁	授权（转移）
A61F13/02	绷带或敷料·膏药或敷料	CN20162 0159947.1	2016-03-03	一种消毒片巾与创口贴的一体化片状结构	章奕	章奕	章奕	授权
A61K31/015	含有机有效成分的医药配制品··碳环族	CN20141 0173857.3	2014-04-28	姜叶三七及其提取物在制备治疗和/或预防肝癌药物的应用	桂林医学院	南京施江医药科技有限公司	徐勤；邓立东；王芳；蒋受军；刘布鸣	授权（转移）
A61K31/015	含有机有效成分的医药配制品··碳环族	CN20221 0154749.6	2022-02-21	一种改善眼部症状的药物组合物、制备方法和使用方法	北京元莱健康管理有限公司	北京元莱健康管理有限公司	胡克菲	实质审查生效
B82Y5/00	纳米生物技术或纳米药物，例如：蛋白质工程和药物传递	CN20171 0378467.3	2017-05-25	一种短直链淀粉-胰岛素或短直链淀粉-胰岛素-原花青素纳米复合物的制备方法	江南大学	江南大学	洪雁；姬娜；顾正彪；程力；李兆丰；李才明	授权

IPC 分类号	类号说明	申请号	申请日	专利名称	原始申请人	当前申请人	发明人	当前状态
B82Y5/00	纳米生物技术或纳米药物，例如：蛋白质工程和药物传递	CN20221 0484991.X	2022-05-06	一种癌症诊疗一体化纳米试剂及其制备方法和应用	北京邮电大学	北京邮电大学	宋春元；汪联辉；董晨	专利申请公布
C07K16/30	免疫球蛋白···来自肿瘤细胞	CN20108 0039490.6	2010-07-09	体内肿瘤血管系统成像	霍夫曼-拉罗奇有限公司	霍夫曼-拉罗奇有限公司	M.多伯兹；C.克莱恩；J.萨姆；W.舒尔	撤回
G01N33/534	···免疫测定法；生物特异性结合测定；相应的生物物质···带有放射性标记的	CN20091 0040379.8	2009-06-19	一种检测微量白蛋白的方法	南方医科大学珠江医院	南方医科大学珠江医院	李治国；高毅；汪艳；刘金华；杜江	驳回
G01N33/534	···免疫测定法；生物特异性结合测定；相应的生物物质···带有放射性标记的	CN20041 0080352.9	2004-09-30	抗人卵巢癌单克隆抗体杂交瘤细胞系及其单克隆抗体和应用	北京大学人民医院	北京大学人民医院	冯捷；钱和年；崔恒；付天云；成夜霞；程洪艳；叶雪；李小平；姚煜；昌晓红	专利权终止

资料来源：国家知识产权局专利检索系统（http://pss-system.cnipa.gov.cn/）。

注：表中数据更新于 2022 年 6 月。

第四章 实 验

　　本书的实验部分由 14 个实验组成，包括了初识数据库管理系统时想了解的对管理系统的简单使用、实验数据库的构建与管理、数据的入库与查询、数据的安全性设置、数据的导入与导出、数据的外部访问、数据库的分离、备份与恢复、数据访问等内容。整个实验部分的组织反映了一个初学者从开始接触数据库，对数据库操作从零起步，到逐步的了解、构建数据库，访问数据库，设计数据库的全过程。

　　实验中对数据库的操作尽可能采用了 SSMS 及 SQL 两种模式。SSMS 代表了数据库管理员的操作方式，SQL 则代表了一个应用程序员对数据库的操作方式。

　　实验二~实验十四操作的数据库对象均基于第三部分介绍的医患关系数据库。

实验一　初识 SSMS

一、实验目的

（1）了解 SQL Server 配置环境。
（2）了解如何打开、使用查询编辑器，如何管理代码。
（3）了解 SQL Server 的帮助系统。

二、实验工具

Microsoft SQL Server。

三、实验学时数

2 学时。

四、实验内容及要求

（1）对菜单栏主要选项进行操作。
（2）了解工具栏主要元素含义。
（3）了解对象资源管理器的构成。
（4）了解查询分析器的使用方式。
（5）掌握模板资源管理器、联机丛书的使用。
（6）了解系统数据库的作用。

五、实验报告

本实验不要求写实验报告。

六、相关知识点与示例

　　SSMS 是一个集成管理平台，提供用于数据库管理的图形工具和功能丰富的环境。通过它可以在同一工具中管理数据库、SQL 查询分析器，并能编写 T-SQL 语句。

　　（1）打开 SSMS。依次单击：WIN10 桌面左下角 Windows 图标→Microsoft SQL Server Tools 18→Microsoft SQL Server Management Studio 18，在出现的"连接到服务器"对话框（如图 4-1 所示）中，确认服务器类型为"数据库引擎"，服务器名称为要连接的服务器，此处是连接到本机，选择或输入本机名称，或者输入"localhost"，单击"连接"按钮，即可出现 SSMS 窗口，如图 4-2 所示。

小　贴　士

　　连接服务器时出现如图 4-3 所示的无法连接到服务器的错误提示，如何解决？

　　解决方法：打开 SQL Server 配置管理器，如图 4-4 所示，检查 SQL Server 服务是否启动，如 SQL Server 服务处于"已停止"状态，则在实例名称右键菜单上选择重启，再通过 SSMS 连接服务器即可。

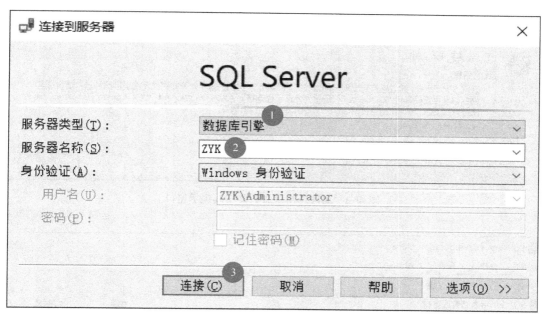

图 4-1　服务器连接窗口

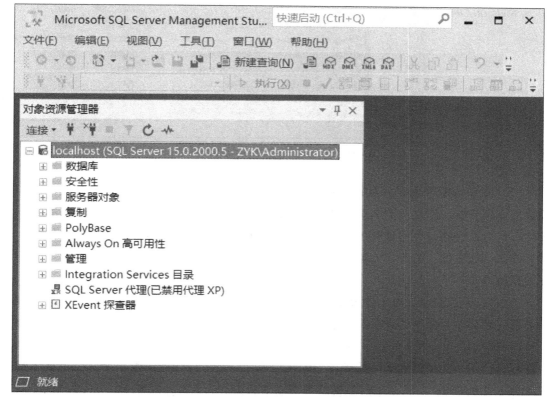

图 4-2　SSMS 窗口

图 4-3   无法连接到服务器错误提示窗口

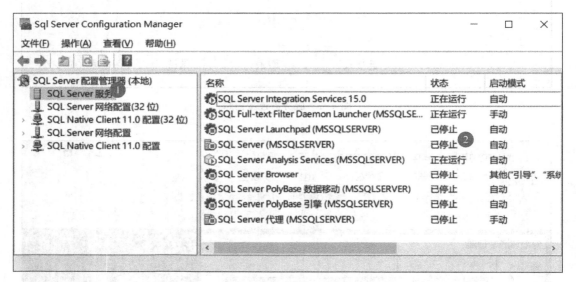

图 4-4   SQL Server 配置管理器

（2）对象资源管理器。对象资源管理器是服务器中所有数据库对象的树视图。要连接的数据库服务器、建立的数据库、基本表、视图、存储过程等对象，以及对数据库安全性管理等均可在这棵树下得到有效的组织和管理。通过它可以实现对数据库及其对象的许多常规操作，如添加、修改、浏览、删除基本表，添加登录、用户，分离、附加、备份、恢复数据库等。

1）连接到服务器：在对象资源管理器左上角单击：连接→数据库引擎，在"连接到服务器"窗体中选择要连接的服务名称，确定身份验证方式，单击"连接"即可。

2）筛选对象：当文件夹中包含的对象比较多时，筛选器可以帮助缩短列表。例如，想在包含若干个对象的列表中找到特定的数据库用户或最近创建的数据库，先选择要筛选的文件夹"数据库"，再单击对象资源管理器工具栏上的筛选器图标 ▼，或者在选中的文件夹右键菜单上按图 4-5 所示打开筛选器，打开的"筛选设置"对话框如图 4-6 所示，可以按对象名称、所有者、创建日期等来筛选列表，并可提供筛选运算符，例如"包含""等于"和"不包含"。

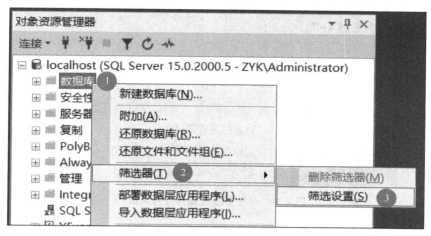

图 4-5 打开筛选器

图 4-6 "筛选设置"窗口

3）刷新：使用 SQL 代码对数据库所做的许多操作，如在修改基本表结构后，在对象资源管理器中不能直接看到结果，单击对象资源管理器工具条上的刷新按钮 ↻ 即可。

对象资源管理器不见了，怎么找出来？

解决方法：参见图 4-7。

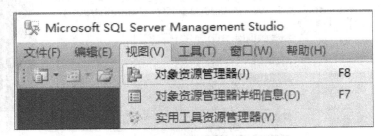

图 4-7　对象资源管理器打开入口

（3）查询编辑器及常用操作。

1）打开查询编辑器：点击工具栏中的"新建查询"即可打开查询编辑器，如图 4-8 所示。

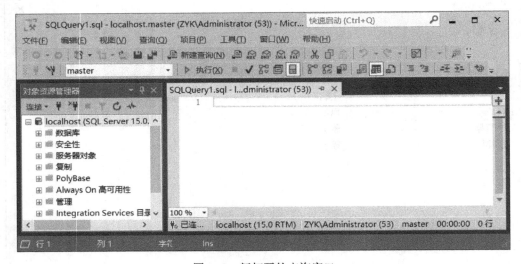

图 4-8　新打开的查询窗口

2）查询编辑器工具栏：随着查询编辑器的出现，系统工具栏上的与查询有关的常用命令图标会激活。点击该工具栏的可用数据库下拉框 ，可选择当前要操作的数据库，默认数据库是 master。在查询窗口中输入 T-SQL 语句，输入完成后，点击工具栏的图标 ▷ 执行(X)，即可启动 T-SQL 语句的执行。

系统工具栏中的"可用数据库"下拉框不见了，怎么办？

解决方法：参见图 4-9。

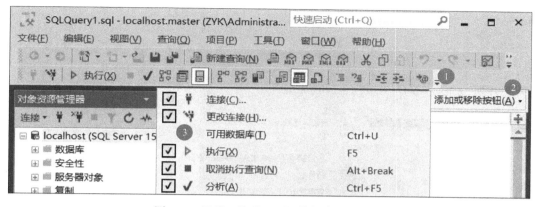

图 4-9　显示 | 隐藏"可用数据库"下拉框

3）错误提示：当执行的语句存在错误时，如图 4-10 所示，会在查询编辑器下方出现消息提示，消息提示很友好，会给出出现错误的行号及错误类型。双击"消息"窗口中的某条错误，即可定位到该错误对应的代码行。

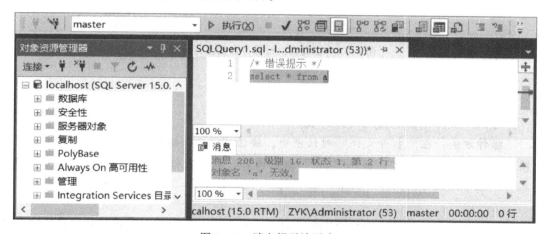

图 4-10　消息提示演示窗口

4）文件保存与打开：每个查询窗口中的内容可存储为一个 SQL 文件，点击工具栏中的图标，在出现的"另存文件为"对话框中选择存储路径，输入文件名，点击"保存"即可。保存的 SQL 文件可在 SSMS 中再次打开，依次在菜单栏单击"文件→打开→文件"，找到待打开的 SQL 文件，单击"打开"按钮即可。

小　贴　士

　　SQL 语句太长的话，通过查询窗口的横向滚动条操作太麻烦，如何使其自动换行显示？查询窗口中 SQL 语句比较多时，如何显示行号，方便快速定位与编辑？
　　操作方法：在菜单栏中依次单击"工具→选项"，以打开"选项"对话框，展开"文本编辑器"选项，选中"Transact-SQL"，在右侧面板中选中"自动换行""行号"，如图 4-11，单击"确定"即可。

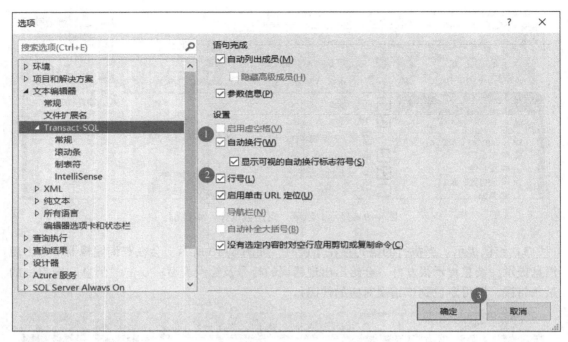

图 4-11　查询窗口行号、自动换行设置

小　贴　士

　　可以一次打开多个 SQL 文件的哦！

　　操作方法：在"打开文件"对话框中，按住"Shift"键的同时，选择要打开的连续多个 SQL 文件，或者，按住"Ctrl"键的同时，选择要打开的非连续性的多个 SQL 文件，选择完成后，松开"Shift"或"Ctrl"键，再单击"打开"按钮即可。

　　（4）模板资源管理器。模板资源管理器是 SSMS 的一个组件，模板就是保存在文件中的脚本文件。模板资源管理器自带很多实用的 SQL 脚本模板，使用模板提供的代码，可省去每次都要输入基本代码的工作。以创建数据库为例说明其使用如下：

　　1）在 SSMS 菜单中依次选择"视图→模板资源管理器"命令，即可弹出"模板浏览器"子窗体，通过快捷键"Ctrl + Alt + T"也可打开模板资源管理器。

　　2）使用模板提供的代码，省去每次都要输入基本代码的工作。模板资源管理器按代码类型进行分组，可以双击打开 Database 目录下的 Create Database 模板，效果如图 4-12 所示。

　　3）将光标定位到中间的查询窗口，此时 SSMS 的菜单中会多出一个"查询"菜单，选择"查询→指定模板参数的值"。

　　4）打开"指定模板参数的值"对话框，在"值"列对应的文本框中输入值 Test。

　　5）输入完成之后，单击"确定"，返回代码模板的查询编辑窗口，此时模板中的代码中 Database_Name 值都被 Test 值取代，如图 4-13 所示。

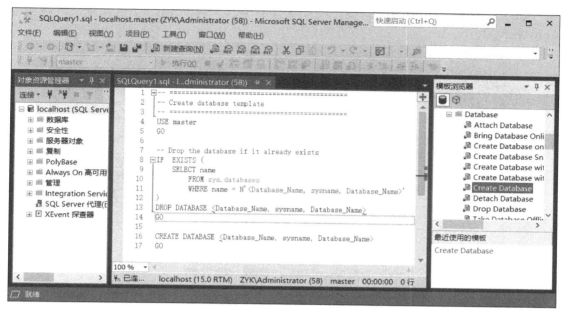

图 4-12 模板资源管理器

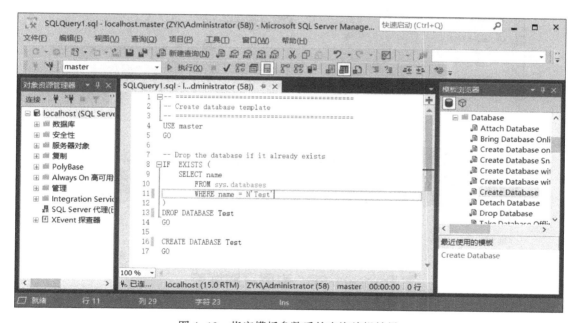

图 4-13 指定模板参数后的查询编辑结果

6）单击工具栏中的"执行"按钮，即可在"对象资源管理器"下"数据库"文件夹下看到新构建的数据库 Test。

（5）联机丛书。在数据库课程中，联机丛书主要用于查找和使用 T-SQL、库函数的基础知识。如图 4-14 所示，在 SSMS 工具栏中依次点击"帮助→查看帮助"，通过系统默认浏览器自动进入 SQL 文档页面，如图 4-15 所示依次点击"参考→参考→Transact-SQL

（T-SQL）"，快速进入 T-SQL 参考，即可查看 T-SQL 详细介绍，T-SQL 参考页面如图
4-16 所示。

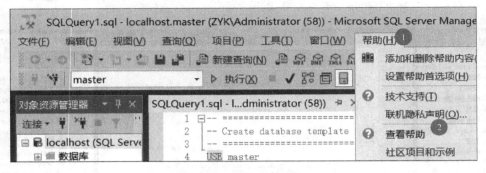

图 4-14　SQL 文档页面

图 4-15　快速进入 T-SQL

图 4-16　T-SQL 参考页面

小 贴 士

● 如何在 T-SQL 参考页面中快速找到与查询关键字有关的参考主题？

解决方法：找到图 4-16 所示的 T-SQL 参考页面右上角的"搜索"功能，在搜索框中输入查询关键字，并回车即可。

● 是否可在 SSMS 的查询编辑器窗口中快速获取 T-SQL 关键字的联机丛书？

答：可以，在查询编辑器窗口中选取需要查询 T-SQL 关键字，并按"F1"，即可直接切入该关键字对应的语法页面。

？ 思考

1. SQL Server 中的系统数据库有哪几个，分别有什么作用？
2. 什么是 SQL Server 配置管理器，如何使用它管理 SQL Server 服务？

实验二　数据库的创建、属性浏览与删除

一、实验目的

掌握数据库的创建与删除。

二、实验工具

Microsoft SQL Server。

三、实验学时数

2 学时。

四、实验内容和要求

（1）利用 SSMS 通过交互式界面创建教程第三部分样本数据库中的任意一个数据库或其他用户数据库。

（2）利用 SSMS 通过交互式界面查看创建的数据库属性。

（3）利用 SSMS 通过交互式界面删除本实验中建立的数据库。

（4）利用 T-SQL 创建、删除数据库。

五、实验报告

按附录 2 要求认真填写实验报告，记录实验案例。

六、相关知识点与示例

（一）存储方式

数据库由文件组成，一个文件由盘区组成，盘区则由页面组成。数据库创建在物理介质的 NTFS 分区或 FAT 分区的一个或者多个文件上，它预先分配了将要被数据库和事务日志所使用的物理存储空间。存储数据的文件被称为数据文件（Data File），存储日志的文件被称为日志文件（Log File），用于存储数据库对象和数据。在创建一个数据库时，只是创建了一个空壳，只有在这个空壳中创建对象，才能使用这个数据库。

在创建数据库对象时，SQL Server 以盘区和页面的方式给数据对象分配存储空间。数据库中所有的信息都存储在页面上，页面是数据库中使用的最小数据单元。每一个页面存储 8KB 的信息，所有的页面都包含一个 132 字节的页面头，页面头被 SQL Server 用来唯一地标识存储在页面中的数据。盘区则是由 8 个连续的页面组成的数据结构。当创建一个数据库对象时，SQL Server 会自动以盘区为单位给它分配空间，即每一个盘区只能包含一个数据库对象。

（二）事务日志

在创建数据库的时候，会同时创建事务日志。事务日志存储在一个单独的文件上，在修改写入数据库之前，事务日志会自动记录对数据库对象所做的修改。事务日志是 SQL

Server 的一个重要的容错特性，可以有效地防止数据库被损坏，维护数据库的完整性。

从 SQL Server 7.0 开始，日志和数据实行分开存储，其优点如下：

（1）事务日志可以单独备份。

（2）在服务器失效的事件中有可能将服务器恢复到最近的状态。

（3）事务日志不会抢占数据库的空间。

（4）很容易检测事务日志的空间。

在 SQL Server 中，事务是指一次完成的操作的集合，是数据库的基本操作单位，虽然一个事务中可能包含了很多的 SQL 语句，但是在处理上，它们就像是一个操作一样。为了维护数据库的完整性，它们要么全部执行，要么一句都不执行，如果一个事务只是部分执行，数据库被视为受到损坏。

（三）利用 SSMS 创建和删除数据库

在 SQL Server 中，建立、删除数据库的方法有两种，可以借助 SSMS 交互式操作建立，也可以使用 T-SQL 创建。

创建数据库，需要确定数据库名、所有者（创建数据库的用户）、数据库大小以及用来存储数据库的文件和文件组等信息。

（1）利用 SSMS 创建数据库。鼠标顺序点击"Windows 图标→Microsoft SQL Server Tools 18→Microsoft SQL Server Management Studio 18"，打开 SSMS，在对象资源管理器中展开服务器，右键单击"数据库"文件夹，在弹出式菜单上选择"新建数据库"命令，如图 4-17 所示。

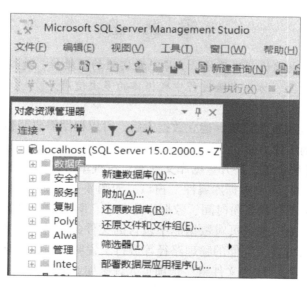

图 4-17　新建数据库

如图 4-18 所示，打开"新建数据库"对话框，在"数据库名称"文本框中输入新建数据库的名字，如 HISDB。在该对话框中，还可以对数据库文件的相关参数进行设置，如新建数据库的初始大小、文件增长方式、最大文件大小、文件存储路径，参数设置完成后直接单击"确定"按钮，即可创建 HISDB 数据库。

验证：点击对象资源管理器中的 ，刷新 SSMS 中的数据库文件夹，查看是否包含了新创建的数据库。

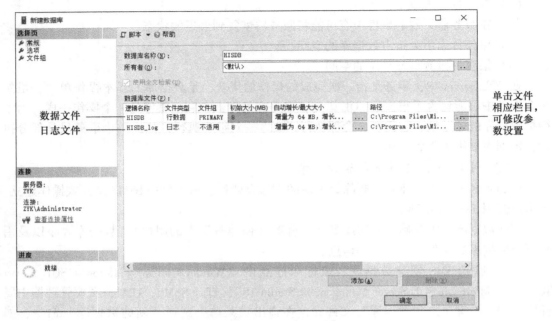

图 4-18　"新建数据库"对话框

<hr>

小　贴　士

考虑到实验室电脑的可还原性、共享性及实验的延续性，建议直接将数据库建立在 U 盘或移动硬盘上，方便实验过程中数据库的多次使用。

<hr>

（2）数据库属性浏览与设置。建立数据库后，可以根据需要调整数据库的属性。这些属性影响该数据库的工作方式。

在 SSMS 中展开服务器，展开数据库文件夹，右键单击需要设置属性的数据库，然后单击"属性"选项，打开"数据库属性"窗口，如图 4-19 所示。其中，"常规"选项页提供了该数据库最近的一次备份时间、数据库的名称、所有者、创建日期、大小、可用空间等基本信息；"文件"选项页对数据库中包含的文件的名称、文件类型、所属文件组、初始大小、自动增长方式、存储的物理路径等进行了说明，并能修改初始大小、自动增长方式，且能添加或删除文件；"文件组"选项页允许添加或删除文件组，以方便文件的管理和数据的分配，并可以设置文件组是否为只读。要将文件放入到文件组中，则通过"文件"选项页完成。"权限"选项页则罗列出该数据库目前的用户及其权限，并可修改用户权限。

（3）利用 SSMS 删除数据库。当不需要某个数据库时，可以将它从 SQL Server 中删除。当数据库删除之后，其文件（包含日志文件）及其数据均从服务器上的磁盘中删除。

在 SSMS 中右键单击要删除的数据库，在弹出式菜单中选择"删除"命令，在出现的"删除对象"对话框中点击"确定"按钮即可，如图 4-20 所示。

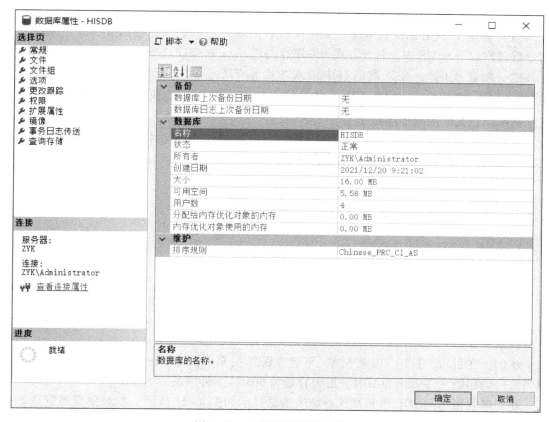

图 4-19　"数据库属性"窗口

图 4-20　利用 SSMS 删除数据库

（四）利用 T-SQL 创建和删除数据库

（1）利用 T-SQL 创建数据库。交互式 SQL 的输入与调试均在查询分析器中完成，查询分析器内置于 SSMS 中。打开方式为顺序点击"Microsoft SQL Server Manamement Studio→工具栏→新建查询"。在查询窗口中输入 SQL 语句后，点击工具栏中的"执行"命令 ▷ 执行(X)，或者直接在键盘上按"F5"键，均可启用 SQL 的执行指令。执行的结果会在查询窗口正文的消息栏中提示。

创建数据库可以使用 CREATE DATABASE 语句，其基本语法格式如下：

CREATE DATABASE database_name
[ON[<filespec>[,…n]]]
[LOG ON {<filespec>[,…n]}][;]
其中<filespec>定义为：
(NAME = logical_file_name,
FILENAME = 'os_file_name'
[,SIZE = size[KB | MB | GB | TB]]
[,MAXSIZE = { max_size[KB | MB | GB | TB] | UNLIMITED}]
[,FILEGROWTH = growth_increment[KB | MB | GB | TB | %]]
)[,...n]

示例：在目录"I：\ DB 教材 \"下建立医患关系数据库 HISDB，并设置数据文件和日志文件的初始文件大小为 10M，最大容量为 50M，文件增长率为 5M。

建立该数据库的 SQL 语句及执行结果消息提示如图 4-21 所示。在对象资源管理器中刷新本地服务器的数据库文件夹，即可看到新建立的数据库 HISDB。

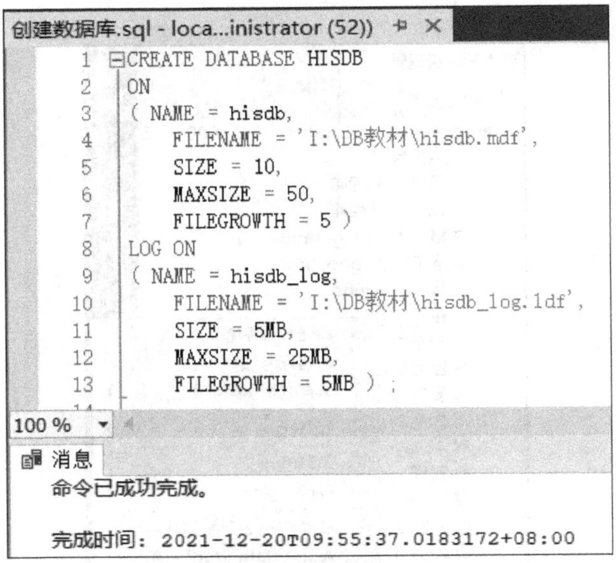

图 4-21　利用 T-SQL 创建数据库

（2）利用 T-SQL 删除数据库。语法格式如下：

DROP DATABASE database_name[;]

示例：删除医患关系数据库 HISDB。

删除该数据库的 SQL 语句及执行结果消息提示如图 4-22 所示。在对象资源管理器中刷新本地服务器的数据库文件夹，数据库 HISDB 消失。

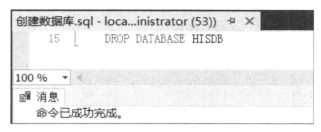

图 4-22 利用 T-SQL 删除数据库

小 贴 士

执行数据库删除操作时，注意在工具栏的可用数据库列表框  中将当前数据库切换到其他数据库，因为如果要删除的数据库正在被使用的话，删除操作就会失败。

问与答

如何知道目前的 SQL Server 服务器中包含哪些数据库？

答：可以执行 sp_helpdb 存储过程，使用方式为：EXEC sp_helpdb。如果后面再加上数据库，则表示查询特定的数据库。

实验三　数据库的分离、附加、备份与还原

一、实验目的

掌握数据库的分离、附加、备份与还原。

二、实验工具

Microsoft SQL Server。

三、实验学时数

2 学时。

四、实验内容和要求

利用 SSMS 和 T-SQL 两种方式分别实现实验二中创建数据库的分离、附加、备份与还原。

五、实验报告

按附录 2 要求认真填写实验报告，记录实验案例。

六、相关知识点与示例

（一）分离数据库

分离数据库是指将数据库从 SQL Server 服务器中分离出来，脱离数据库系统的管理，但数据与日志文件仍保留在磁盘中。分离之后，这两个文件就和普通文件一样，能够进行复制与删除。分离后的数据库相当于离线状态，无法正常使用。

（1）利用 T-SQL 分离数据库的语法格式如下：

SP_DETACH_DB database_name[;]

注：SP_DETACH_DB 是系统存储过程名。

示例：将医患关系数据库从 SQL Server 服务器中分离。

分离该数据库的 SQL 语句及执行结果消息提示如图 4-23 所示。

图 4-23　利用 T-SQL 分离数据库

（2）利用 SSMS 分离数据库。右键单击要分离的数据库，其界面呈现的相关选项如图

4-24 所示，在随着出现的"分离数据库"窗口中直接单击"确定"即可。

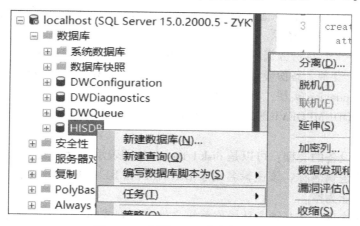

图 4-24　利用 SSMS 分离数据库

（二）附加数据库

分离后的数据库要想再次使用，需将分离之后的数据文件附加到 SQL Server 服务器。

（1）利用 T-SQL 附加数据库的语法格式如下：

CREATE DATABASE database_name

　　　ON（FILENAME ='os_file_name'）

　　　FOR ATTACH[;]

示例：将医患关系数据库 HISDB 附加到 SSMS。

附加该数据库的 SQL 语句及执行结果消息提示如图 4-25 所示。

图 4-25　利用 T-SQL 附加数据库

（2）利用 SSMS 附加数据库。右键单击对象资源管理器中的"数据库"，单击"附加"选项，如图 4-26 所示，在出现的"附加数据库"窗口中选择"添加"要附加的数据库，即已分离数据库所存对应的数据文件，再单击"确定"即可。

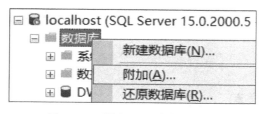

图 4-26　利用 SSMS 附加数据库

（三）备份数据库

备份是在数据库在线的状态下记录当前数据库的状态，在数据库受到损害或数据库需要恢复时，对数据库进行还原。

（1）利用 T-SQL 备份数据库。利用 T-SQL 备份数据库分两步完成：

1）建立备份设备。备份设备用于数据库备份。查询分析器中备份设备的建立通过存储过程 sp_addumpdevice 实现，其语法格式如下：

EXEC SP_ADDUMPDEVICE '备份设备的类型'，'备份设备的逻辑名称'，'备份设备的物理名称'［；］

说明：备份设备的类型：可以是 disk | tape。分别表示磁盘 | 磁带。

备份设备的逻辑名称：该逻辑名用于 BACKUP 和 RESTORE 语句中，没有默认值，由用户定义，且不能为空。

备份设备的物理名称必须遵从操作系统文件名规则或网络设备的通用命名约定，并且必须包含完整路径。

示例：为数据库 HISDB 添加一个逻辑名为 HISDB_backup 的备份设备。

建立该备份设备的 SQL 语句及执行结果消息提示如图 4-27 所示。

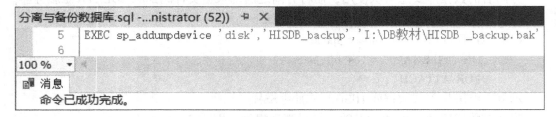

图 4-27　利用 T-SQL 添加备份设备

如果待添加的备份设备已存在，可删除备份设备，其语法格式如下：

EXEC SP_DROPDEVICE '备份设备的逻辑名称'［,'delfile'］［；］

参数 DELFILE：可选，指示是否删除物理备份设备磁盘文件。

小　贴　士

语法格式中出现的 ［］、<>、:: =、｛｝等符号的含义说明见附录 1。

示例：删除备份设备 HISDB_backup 及其磁盘文件。

删除该备份设备的 SQL 语句及执行结果消息提示如图 4-28 所示。

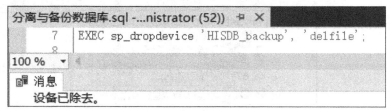

图 4-28　利用 T-SQL 删除备份设备

2）建立备份。在查询分析器中利用上一步建立的备份设备对数据库进行备份。查询分析器中通过 BACKUP 语句来备份数据库，其语法格式如下：

BACKUP DATABASE 数据库名 TO 备份设备［；］

示例：将数据库 HISDB 备份到其备份设备 HISDB_backup 中。

实现该示例的 SQL 语句及执行结果消息提示如图 4-29 所示。

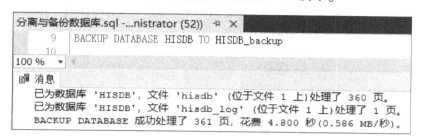

图 4-29　利用 T-SQL 备份数据库到备份设备

（2）利用 SSMS 备份数据库。如图 4-30 所示右键单击要备份的数据库，选择"任务→备份"，在打开的"备份数据库"窗口中单击"添加"按钮，在"选择备份目标"窗口中单击 ... 按钮，在"定位数据库文件"窗口中选择要备份的文件，或者选择要存放备份文件的目录，再在"文件名"文本输入框中输入文件名，注意按提示输入文件后缀名，再单击"确定"按钮即可。

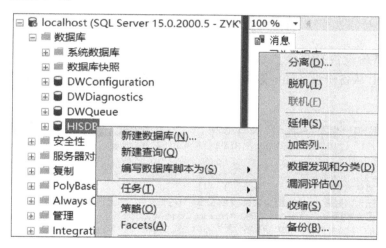

图 4-30　利用 SSMS 备份数据库

示例：利用 SSMS 备份数据库 HISDB。

利用 SSMS 备份数据库 HISDB，且添加了备份文件的"备份数据库"窗口如图 4-31 所示。

（四）还原数据库

对于已建立备份并删除了的数据库，可以通过数据库备份文件在 SQL Server 中还原。

（1）利用 T-SQL 还原数据库。通过 RESTORE 语句恢复数据库，并刷新服务器，可查看删除的数据库是否已经还原。RESTORE 语句语法格式如下：

RESTORE DATABASE 数据库名 FROM 备份设备［；］

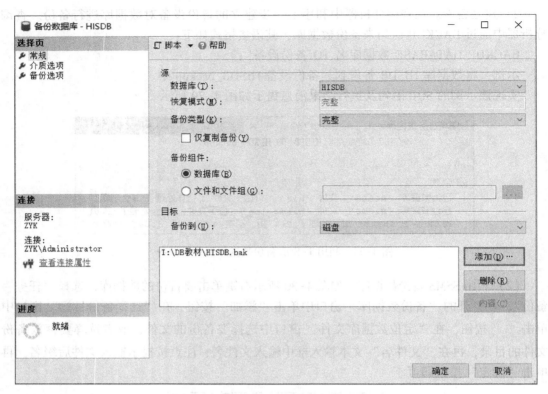

图 4-31　利用 SSMS 备份数据库 HISDB

示例：将备份设备 HISDB_backup 中的数据还原到数据库 HISDB 中。

利用 T-SQL 从备份设备还原数据库 HISDB 的 SQL 语句及执行结果消息提示如图 4-32 所示。

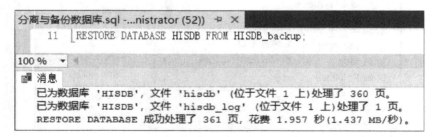

图 4-32　利用 T-SQL 从备份设备还原数据库

（2）利用 SSMS 还原数据库。在对象资源管理器中右键单击"数据库"，选择"还原数据库"，打开"还原数据库"窗口，选择"设备"单选项，单击 ... 按钮，在打开的"选择备份设备"窗口中点击"添加"按钮，添加备份文件，并单击"确定"按钮，依次返回上级窗口点击"确定"按钮即可。

示例：利用 SSMS 还原数据库 HISDB。

该示例中，选择了备份设备的"选择备份设备"窗口如图 4-33 所示，在该窗口中单击"确定"按钮，添加了备份设备的"还原数据库"窗口如图4-34所示，在该窗口中继续单击"确定"按钮即可弹出成功还原数据库的提示窗口，如图4-35所示，在该窗口中单击"确定"按钮完成数据库的还原操作。

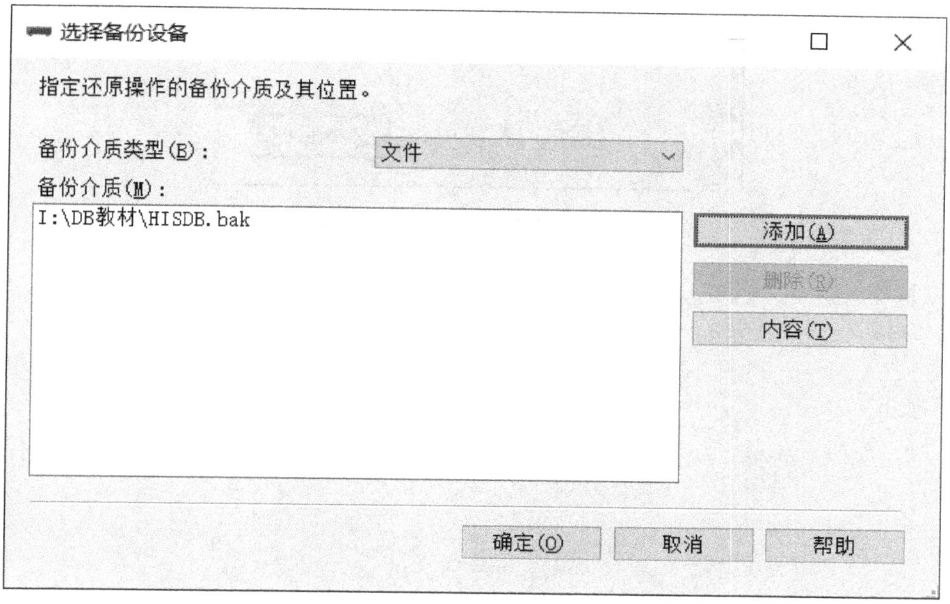

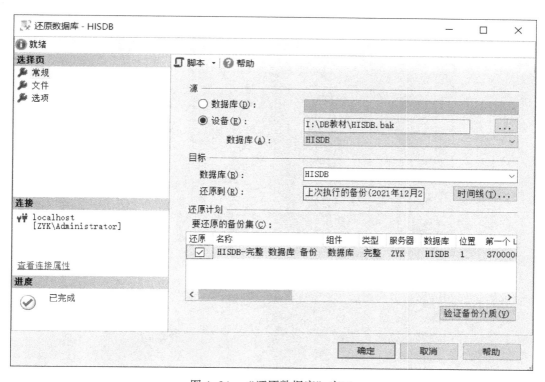

图4-33 "选择备份设备"窗口

图4-34 "还原数据库"窗口

图 4-35　成功还原数据库提示窗口

实验四 基本表、索引的创建

一、实验目的

熟悉通过 T-SQL 创建基本表与索引，了解基本表结构定义的内容、格式以及表索引的类型。

二、实验工具

Microsoft SQL Server 及其查询分析器。

三、实验学时数

2 学时。

四、实验内容和要求

（1）在实验二创建的数据库中实现基本表的创建，基本表的创建除了字段基本设置外，还要求掌握主键、外键、默认值、CHECK 等完整性约束条件的定义。

（2）对创建的基本表结构实现修改，包含字段的增加与删除、字段定义的修改、约束的添加与删除。

（3）对已创建的基本表实现删除。

（4）实现索引的创建与删除。

五、实验报告

按附录 2 要求认真填写实验报告，记录实验案例。

六、相关知识点与示例

（一）建立基本表

定义基本表语法格式如下：

CREATE TABLE <表名>（列名 <数据类型>［列级完整性约束条件］

　　　　　　［,<列名> <数据类型>［列级完整性约束条件］…］

　　　　　　［表级完整性约束条件］,［用户定义的完整性约束条件］）［;］

说明："表名"是要定义的基本表的名字，基本表可由一个或多个属性（列）组成。建表的同时，可以定义与该表有关的完整性约束条件，定义好的完整性约束条件被存入系统的数据字典，当用户操作表中数据时，DBMS 会自动检查该操作是否违反完整性约束条件。如果完整性约束条件涉及该表的多个属性列，则必须作为表级完整性约束条件定义，否则既可定义在表级，也可以定义在列级。

示例：在 HISDB 数据库中建立医生、患者、诊疗信息基本表。

在 HISDB 是当前数据库的前提下，建立 3 张表的 SQL 语句、执行结果消息提示如图 4-36 所示。

小　贴　士

"--"开头的为单行注释部分，不会被执行和解析。

```
1   --建立医生基本表（doctor）
2   CREATE TABLE doctor（doctor_id char(4) PRIMARY KEY, doctor_name nvarchar(50)
      NOT NULL, title nvarchar(50)）
3
4   --建立患者基本表（patient）
5   CREATE TABLE patient(patient_id char(5) PRIMARY KEY, patient_name nvarchar(50)
      not null, sex nvarchar(2) , birth_date date, marriage_state nchar(4)）
6
7   --建立诊疗关系基本表（diagnosis）
8   CREATE TABLE diagnosis(diag_id char(18) PRIMARY KEY, patient_id char(5) not
      null, diag_name nvarchar(50), doctor_id char(4) not null, dept_name nvarchar
      (50), diag_datetime datetime）
9
```

100 %

消息

命令已成功完成。

图 4-36　建立基本表

（二）修改基本表

修改基本表语法格式如下：

ALTER TABLE <表名>[ADD <新列名> <数据类型>[列级完整性约束条件]]

　　　　　[ALTER COLUMN <列名> <新数据类型>]

　　　　　[DROP COLUMN <列名>]

　　　　　[ADD CONSTRAINT <完整性约束名> <约束条件描述>]

　　　　　[DROP CONSTRAINT <完整性约束名>][;]

说明："表名"指定要修改的基本表；ADD 子句用于增加新列或新的完整性约束条件；ALTER 用于修改原有的列定义；DROP 子句用于删除指定的列或完整性约束条件。

示例：为基本表 diagnosis 添加外键约束。

为基本表 diagnosis 添加外键约束的 SQL 语句及执行结果消息提示如图 4-37 所示。

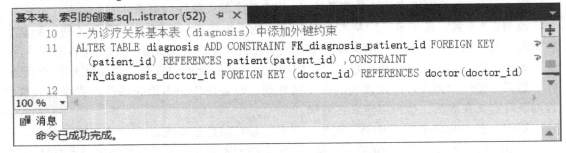

```
10   --为诊疗关系基本表（diagnosis）中添加外键约束
11   ALTER TABLE diagnosis ADD CONSTRAINT FK_diagnosis_patient_id FOREIGN KEY
       (patient_id) REFERENCES patient(patient_id) , CONSTRAINT
       FK_diagnosis_doctor_id FOREIGN KEY (doctor_id) REFERENCES doctor(doctor_id)
12
```

100 %

消息

命令已成功完成。

图 4-37　添加外键约束

当查询分析器中的 SQL 语句有多条时，是否可以选择执行查询分析器中的 SQL 语句？

答：可以，在查询分析器文中选中要执行的 SQL 语句，或将鼠标定位在要执行的 SQL 语句首行行号左侧，按住鼠标左键从上往下拖动鼠标，到最后要执行的那行 SQL 语句为止。再单击执行按钮 ▷ 执行(X) 执行即可。

（三）删除基本表

删除基本表采用 DROP 语句，DROP 语句是冷酷无情的语句，执行 DROP 语句之后，该表中的数据及其表结构全部消失。其语法格式如下：

DROP TABLE <表名>［；］

示例：删除诊疗关系表 diagnosis。

删除诊疗关系表的 SQL 语句及执行结果消息提示如图 4-38 所示。

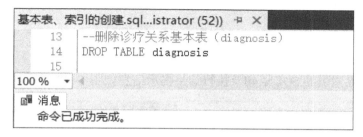

图 4-38 删除基本表

（四）建立索引

建立索引语法格式如下：

CREATE［UNIQUE］［CLUSTER｜NONCLUSTERED］INDEX <索引名>

ON <表名>（<列名>［次序］［，<列名>［次序］］…）［；］

说明："表名"指定要建立索引的基本表的名字。索引可以建立在该表的一列或多列上，各列名之间用逗号分隔。每个"列名"后面还可以用"次序"指定索引值的排列次序，包括 ASC（升序）和 DESC（降序）两种，缺省值为 ASC。UNIQUE 表示创建惟一索引，即此索引的每一个索引值只对应惟一的数据记录，也就是不允许存在索引值相同的两行。CLUSTER 表示要建立的索引是聚集索引，又称聚簇索引。聚集索引基于数据行的键值，在表内排序和存储这些数据行，表中的物理顺序和索引中行的物理顺序相同，所以每个表只能有一个聚集索引。NONCLUSTERED 表示创建非聚集索引，即创建一个指定表的逻辑排序对象。非聚集索引具有完全独立于数据行的结构，使用非聚集索引不用将物理数据页中的数据按列排序，非聚集索引包含索引键值和指向表数据存储位置的行定位器。

示例：在基本表 diagnosis 的 dept_name 和 doctor_id 列上，创建一个名为 Idx_deptname_doctorid 的惟一非聚集组合索引，升序排列。

为该示例建立索引的 SQL 语句及执行结果提示信息如图 4-39 所示。

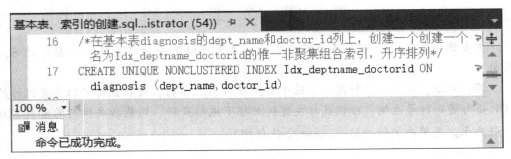

图 4-39　建立索引

对符"/ ＊ … ＊/"表示多行注释，多行注释不执行解析。

（五）删除索引

删除索引语法格式如下：

DROP INDEX <索引名> ON <表名>[；]

示例：为基本表 diagnosis 删除索引 Idx_deptname_doctorid。

为该示例删除索引的 SQL 语句及执行结果提示信息如图 4-40 所示。

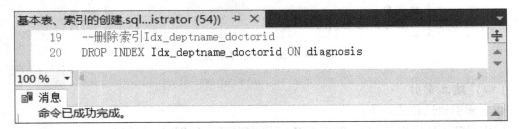

图 4-40　删除索引

[?] 问与答

1. 在实验过程中，需明确 SQL 语法时，为什么要查实验 SQL 所属数据库管理系统所对应的工具书或字典，而不是教材？

　　答：教材中一般介绍的都是标准 SQL，具体的数据库管理系统中存在的 SQL 是演变式 SQL，即 T-SQL。演变式 SQL 或多或少地对标准 SQL 进行了修改或扩展，但标准 SQL 与不同的演变式 SQL 之间，其基本语法结构是相似的，学习过程中以标准 SQL 为基础的同时，应注意它们的区别。

2. 什么是聚簇索引？

　　答：聚簇索引是指索引项的顺序与表中记录的物理顺序一致的物理组织方式。

实验五　基本表的查询

一、实验目的

熟悉通过 T-SQL 对数据库进行查询的操作。

二、实验工具

Microsoft SQL Server 及其查询分析器。

三、实验学时数

4 学时。

四、实验内容和要求

（1）实现单表查询。

1）选择表中的若干列：查询指定列、查询全部列、查询经过计算的值。

2）选择表中的若干元组：消除取值重复的行、查询满足条件的元组（比较大小、确定范围、确定集合、字符匹配、涉及空值的查询、多重条件查询）。

3）对查询结果排序。

4）使用集函数。

5）对查询结果分组。

（2）实现连接查询。

1）笛卡尔积。

2）等值与非等值连接。

3）自然连接。

4）自身连接。

5）外连接。

6）复合条件连接查询。

（3）实现嵌套查询。

1）带 IN 谓词的子查询。

2）带比较运算符的子查询。

3）带 ANY、ALL 谓词的子查询。

4）带 EXISTS 谓词的子查询。

（4）实现分组聚集查询：使用 Group by 子句和聚集函数实现分组聚集查询。

（5）实现集合查询：完成并、交、差查询。

五、实验报告

按附录 2 要求认真填写实验报告，记录实验案例。

六、相关知识点与示例

查询语句是使用频率最多的语句，数据库中堆积如山的数据 70%的情况下就是为了检索服务。

（一）查询基本语法格式

查询语法格式如下：

SELECT［ALL｜DISTINCT］ <目标列表达式>［,<目标列表达式>］…

FROM <表名或视图名>［,<表名或视图名>］…

［WHERE <条件表达式>］

［GROUP BY <列名1>［HAVING <条件表达式>］］

［ORDER BY <列名2>［ASC｜DESC］］［;］

说明：整个查询语句的含义是，根据 WHERE 子句的条件表达式，从 FROM 子句指定的基本表或视图中找出满足条件的元组，再按 SELECT 子句中的目标列表达式，选出元组中的属性值形成结果表。如果有 GROUP 子句，则将结果按"列名1"的值进行分组，该属性列值相等的元组为一个组，每个组产生结果表中的一条记录。通常会在每组中作用集函数。如果 GROUP 子句带 HAVING 短语，则只有满足指定条件的组才予以输出。如果有 ORDER 子句，则结果表还需按"列名2"的值的升序或降序排序。

（二）查询语句中的大小写、分行、空格、逗号、引号、分号

SQL 查询语句对大小写不敏感，关键字不能略写或分开两行写，多个关键字、表名、字段名之间需要用逗号或空格等分隔，字符串用单引号括起来，SQL 语句以分号作为语句的结束（分号也可省略），且逗号、分号、单引号等符号都是英语模式下的符号，即半角符号。

（三）表达式、条件、算术操作符与函数

要和谐完美地表达查询，需要借助表达式、条件、操作符与函数。

（1）表达式。表达式的定义很简单：它返回一个值。但它也很广泛，因为表达式类型多种，如字符串、数字、函数、布尔表达式。实际上，几乎所有跟在一个子句（如 SELECT、FROM）后面的字符都是表达式。在下面的语句中，短语 doctor_name+'-'+title 就是一个表达式，返回 doctor 表中医生姓名与职称的连接字符串。

SELECT doctor_name+'-'+title FROM doctor

（2）条件。如果想在数据库中查找一个或多个特殊项目，就需要一个或多个条件，即用到 WHERE 子句。常用的查询条件如表 4-1 所示。

表4-1　常用查询条件

查询条件	谓　　词
比较	=, >, <, >=, <=,! =, <>,! >,! <, NOT+上述比较运算符
确定范围	BETWEEN AND, NOT BETWEEN AND
确定集合	IN, NOT IN

续表 4-1

查询条件	谓　　词
字符匹配	LIKE, NOT LIKE
空值	IS NULL, IS NOT NULL
多重条件	AND, OR

（3）算术操作符。算术操作符有加（+）、减（-）、乘（*）、除（/）、模（%）运算，前四种的用途一目明了，第五种，即模运算代表返回一个整数除以另一个整数的余数。如果将几种算术操作符放在同一个表达式中，又没有用括号括起来，它们的优先级从高到低的顺序是：乘、模、除、加、减，但要注意的是，一般来说，乘、模、除同一级别，加和减同一级别，当没有括号时，同级运算符的运算顺序为从左到右。

要注意的是，减号除了完成常规功能外，可以用于改变某数的符号。

（四）函数

在 SQL 中使用函数，可以执行求和、将字符串转化成大写字母等功能。函数主要有聚集函数、日期和时间函数、算术函数、字符串函数、数据类型转换函数、系统函数等。常用函数见附录3。

（五）查询类型

下面以 HISDB 数据库为例，从不同的查询角度介绍查询语句中各子句的使用。

（1）单表查询。

1）单表无条件查询：即选择表中的若干列组成查询结果表。

示例：查询现有医生有哪些职称类型。

实现该示例的 SQL 语句及查询结果如图 4-41 所示。

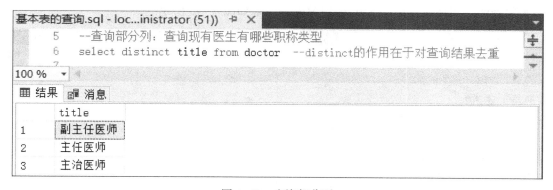

图 4-41　查询部分列

示例：查询所有医生的信息。

实现该示例有两种写法，其对应的 SQL 语句及查询结果如图 4-42 所示。

2）单表带条件查询：即选择表中的若干元组组成新的查询结果表。

示例：查询 1955 年之前（含 1955 年）出生的患者有哪些。

图 4-42　查询所有列

这是一个比较大小的查询，通常在 where 子句中使用比较运算符<、<=、=、>、>=、
<>实现查询。实现该示例的 SQL 语句及查询结果如图 4-43 所示。

图 4-43　比较大小

示例：请列出所有副主任医师和主任医师的相关信息。

这是一个常见的确定集合的查询，通常使用 IN 谓词实现查询。实现该示例的 SQL 语
句及查询结果如图 4-44 所示。

基本表的查询.sql - loc...inistrator (51)) ⊨ ✕

```
11    --确定集合：请列出所有副主任医师和主任医师的相关信息
12    select * from doctor where title in ('副主任医师','主任医师')
```

100 %

⊞ 结果 ▦ 消息

	doctor_id	doctor_name	title
1	0222	韩伟	副主任医师
2	1534	骆云清	副主任医师
3	1773	戴雪梅	主任医师
4	2105	谢惹愚	主任医师
5	2233	张红	副主任医师
6	2400	彭书	副主任医师
7	3783	易色	主任医师
8	6480	许铭	主任医师
9	6951	陈伟	主任医师
10	7204	刘如瑛	副主任医师
11	7593	林建	副主任医师
12	8933	张星	主任医师
13	9380	郭菁	副主任医师

图 4-44　确定集合

示例：查询张姓医师信息。

这是有关字符匹配的查询，字符匹配使用谓词 like，其语法格式如下：

[NOT] LIKE'<匹配串>'[ESCAPE'<换码字符>'][;]

含义：查找指定属性列值与<匹配串>（不）相匹配的元组。<匹配串>可以是一个完整的字符串，也可以是含有通配符%和_的字符串。换码字符：表示取消匹配串中紧跟其后的通匹符的含义，转义为普通字符。

说明：% 代表任意长度（可为0）；_代表任意单个字符。

实现该示例的 SQL 语句及查询结果如图 4-45 所示。

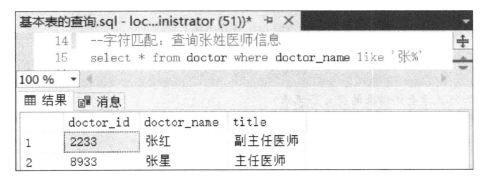

基本表的查询.sql - loc...inistrator (51))* ⊨ ✕

```
14    --字符匹配：查询张姓医师信息
15    select * from doctor where doctor_name like '张%'
```

100 %

⊞ 结果 ▦ 消息

	doctor_id	doctor_name	title
1	2233	张红	副主任医师
2	8933	张星	主任医师

图 4-45　字符匹配

示例：查询未填写婚姻状态信息的患者编号与姓名。

这是一个涉及空值的查询，实现该示例的 SQL 语句及查询结果如图 4-46 所示。

```
基本表的查询.sql - loc...inistrator (51))*    ⊞ ✕
    17    --涉及空值：查询未填写婚姻状态信息的患者编号与姓名
    18    select patient_id,patient_name from patient where marriage_state is null
```

100 %

⊞ 结果 ⊟ 消息

	patient_id	patient_name
1	00003	张建新
2	00005	罗遥
3	00011	任辰
4	00012	陈满
5	00013	吴珈
6	00020	向玄瑞
7	00027	陈婷
8	00030	朱笃
9	00038	周小文

图 4-46　涉及空值的查询

示例：查询未填写婚姻状态信息的男性患者信息。

该查询涉及两个条件，实现该示例的 SQL 语句及查询结果如图 4-47 所示。

```
基本表的查询.sql - loc...inistrator (51))*    ⊞ ✕
    20    --多重条件：查询未填写婚姻状态信息的男性患者信息
    21    select * from patient where marriage_state is null and sex='男'
```

100 %

⊞ 结果 ⊟ 消息

	patient_id	patient_name	sex	birth_date	marriage_state
1	00005	罗遥	男	1934-08-17	NULL
2	00011	任辰	男	1982-12-10	NULL
3	00013	吴珈	男	2006-07-23	NULL
4	00020	向玄瑞	男	2009-01-05	NULL
5	00030	朱笃	男	1948-08-15	NULL
6	00038	周小文	男	2006-12-12	NULL

图 4-47　多重条件

小　贴　士

如何显示查询结果的前 n 条记录？

解决方法：使用 top 关键词。如显示未填写婚姻状态信息的男性患者的前两条记录。实现该示例的 SQL 语句及查询结果如图 4-48 所示。

3）对查询结果排序。

示例：对患者信息按出生日期先后顺序进行排序。

实现该示例的 SQL 语句及查询结果如图 4-49 所示。

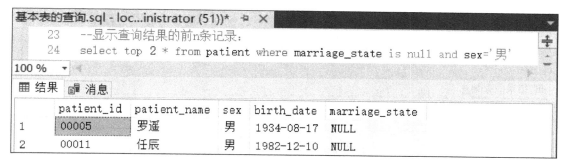

图 4-48　显示查询结果的前 n 条记录

基本表的查询.sql - loc...inistrator (51))* ╪ ✕

26　　--对查询结果排序：对患者信息按出生日期先后顺序进行排序
27　　select * from patient order by birth_date

100 %

▦ 结果　📄 消息

	patient_id	patient_name	sex	birth_date	marriage_state
1	00005	罗遥	男	1934-08-17	NULL
2	00030	朱笃	男	1948-08-15	NULL
3	00037	谭绍芸	女	1949-06-18	已婚
4	00012	陈满	女	1952-09-23	NULL
5	00003	张建新	女	1953-11-08	NULL
6	00034	胡子轩	男	1955-02-20	已婚
7	00019	李瑞	男	1956-10-10	已婚
8	00014	韩平	男	1957-06-06	已婚
9	00002	彭新	男	1965-12-04	已婚
10	00004	叶华	男	1971-10-12	已婚
11	00001	潘雨林	女	1972-12-21	已婚
12	00011	任辰	男	1982-12-10	NULL
13	00021	邹瑜	女	1987-01-10	已婚
14	00027	陈婷	女	2002-08-14	NULL
15	00013	吴珈	男	2006-07-23	NULL
16	00038	周小文	男	2006-12-12	NULL
17	00020	向玄瑞	男	2009-01-05	NULL
18	00022	陈华	女	2009-08-15	未婚
19	00010	张重	男	2012-01-05	未婚

图 4-49　对查询结果排序

4）使用集函数。

示例：对主任医师计数。

实现该示例的 SQL 语句及查询结果如图 4-50 所示。

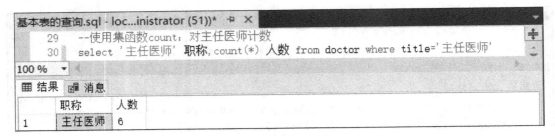

图 4-50 使用集函数 count

如何给查询目标列使用别名？什么时候使用别名？

解决方法：在此查询中，职称、人数分别是两个查询目标列的别名，这两个查询目标列一个是常数列，一个是计算列，如果不使用别名，查询显示结果如图 4-51 所示，即无列名显示，显示界面不友好。在查询定义中类似常数列、计算列或者需要重命名的列，都可以直接在查询目标列的后面接空格后写上别名，使查询结果更符合查询者需求。

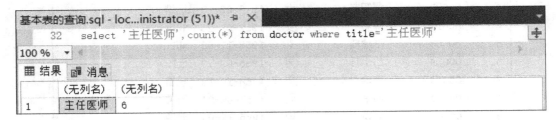

图 4-51 未使用别名的主任医师计数查询

示例：查询糖尿病患者的平均年龄。

实现该示例的 SQL 语句及查询结果如图 4-52 所示。

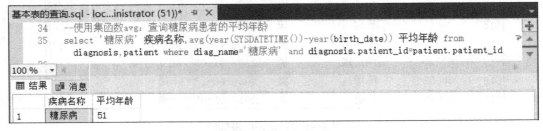

图 4-52 使用集函数 avg

5）对查询结果分组。

示例：按职称对医师计数。

实现该示例的 SQL 语句及查询结果如图 4-53 所示。

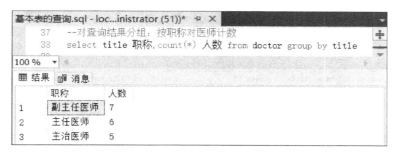

图4-53　对查询结果分组

　　对查询结果分组时，通常对分组后的记录作用集函数，即在查询目标列中通常会伴随集函数的出现。如在此查询中，按职称的值把所有医师分为了三组，因为要计算每组中医师的总人数，采用了集函数 count（＊），这个函数的作用是分别求三组中记录的个数，这也是分组作用集函数的含义。

　　示例：按职称对医师计数，人数大于6的输出结果。

　　实现该示例的 SQL 语句及查询结果如图4-54所示。

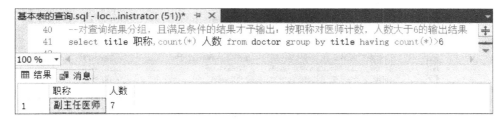

图4-54　对查询结果分组，且满足条件的结果才予输出

　　（2）连接查询。连接查询是指查询任务需要依据两个或者两个以上的表格数据才能完成。

　　1）笛卡尔积。

　　示例：实现医生信息表与诊断信息表的笛卡尔积。

　　实现该示例的 SQL 语句及查询结果如图4-55所示。

　　从图4-55中可以看到查询结果有432条记录，通过下面的两条语句：

select count（＊）from doctor

select count（＊）from diagnosis

　　分别可以得到医生信息表有18条记录，诊断信息表有24条记录，也就是说，此查询结果记录数432，是18与24的乘积，即它的实质就是无条件连接，在现实生活中，这种查询往往是无意义的。

　　2）等值与非等值连接。

　　示例：查询医生及对应患者的诊断信息。

　　该查询可以以两种方式实现，实现该示例的两种 SQL 语句及查询结果如图4-56所示。

基本表的查询.sql - loc...inistrator (51))* ⊕ ✕
```
43    --笛卡尔积：实现医生信息表与诊断信息表的交叉连接
44    select * from doctor,diagnosis
```
100 %

⊞ 结果 🗊 消息

	doctor_id	doctor_name	title	diag_id	patient_id	diag_name	doctor_id	dept_name
429	9951	谭凯	主治医师	20171027||1||00021	00021	糖尿病	2233	内分泌门诊
430	9951	谭凯	主治医师	20171027||1||00022	00022	白血病	8712	儿科门诊
431	9951	谭凯	主治医师	20171027||2||00002	00002	ICD植入术后	0400	心血管内科
432	9951	谭凯	主治医师	20171027||2||00021	00021	甲状腺功能减退	2233	内分泌门诊

图 4-55　笛卡尔积（无条件连接）

基本表的查询.sql - loc...inistrator (51))* ⊕ ✕
```
48    --等值连接(内连接)：查询医生及对应患者的诊断信息
49    Select doctor.*,diagnosis.* from doctor,diagnosis where doctor.doctor_id=diagnosis.doctor_id  一方法一
50    Select doctor.*,diagnosis.* from doctor Inner join diagnosis on doctor.doctor_id=diagnosis.doctor_id  一方法二
```
100 %

⊞ 结果 🗊 消息

	doctor_id	doctor_name	title	diag_id	patient_id	diag_name	doctor_id	dept_name	diag_datetime
1	7593	林建	副主任医师	20140115||1||00012	00012	糖尿病	7593	内分泌门诊	2014-01-15 16:25:4
2	9380	郭菁	副主任医师	20141102||1||00010	00010	健康查体	9380	儿科门诊	2014-11-02 08:17:5
3	9380	郭菁	副主任医师	20141104||1||00010	00010	维生素D缺乏	9380	儿科门诊	2014-11-04 15:30:0
4	1534	骆云清	副主任医师	20151210||1||00011	00011	急性白血病	1534	血液内科门诊	2015-12-10 12:27:2
5	9951	谭凯	主治医师	20160114||1||00005	00005	高血压	9951	心血管内科门诊	2016-01-14 08:58:1
6	9951	谭凯	主治医师	20160114||2||00005	00005	冠状动脉粥样硬化性心脏病	9951	心血管内科门诊	2016-01-14 08:58:1
7	9951	谭凯	主治医师	20160114||3||00005	00005	不稳定性心绞痛	9951	心血管内科门诊	2016-01-14 08:58:1
8	1773	戴雪梅	主任医师	20171026||1||00001	00001	甲状腺功能减退	1773	内分泌门诊	2017-10-26 16:30:2
9	6480	许铭	主任医师	20171026||1||00013	00013	咳嗽	6480	儿科门诊	2017-10-26 16:30:3
10	0222	韩伟	副主任医师	20171026||1||00014	00014	慢性淋巴细胞性白血病	0222	血液内科门诊	2017-10-26 16:01:3
11	7204	刘如琪	副主任医师	20171026||1||00020	00020	急性白血病	7204	儿科门诊	2017-10-26 16:26:5
12	0545	帅阳	主治医师	20171026||1||00027	00027	多发性大动脉炎	0545	心血管内科门诊	2017-10-26 10:52:5
13	3783	易色	主治医师	20171026||1||00034	00034	急性非淋巴细胞性白血病M3型	3783	血液内科门诊	2017-10-26 15:34:4
14	4300	段奕	主治医师	20171026||1||00037	00037	高血压	4300	心血管内科门诊	2017-10-26 10:45:4
15	8933	张星	主任医师	20171026||1||00038	00038	血小板减少	8933	儿科门诊	2017-10-26 10:28:3
16	4300	段奕	主治医师	20171026||1||00037	00037	冠状动脉粥样硬化性心脏病	4300	心血管内科门诊	2017-10-26 10:45:5
17	4300	段奕	主治医师	20171026||1||00037	00037	肾功能不全	4300	心血管内科门诊	2017-10-26 10:46:0
18	0400	李平	主治医师	20171027||1||00002	00002	扩张性心肌病	0400	心血管内科门诊	2017-10-27 07:54:5
19	0222	韩伟	副主任医师	20171027||1||00003	00003	多发性骨髓瘤	0222	血液内科门诊	2017-10-27 16:37:0
20	2105	谢蕙愚	主任医师	20171027||1||00019	00019	甲状旁腺功能减退	2105	内分泌门诊	2017-10-27 16:48:0
21	2233	张红	副主任医师	20171027||1||00021	00021	糖尿病	2233	内分泌门诊	2017-10-27 17:45:3
22	8712	万黎	主治医师	20171027||1||00022	00022	白血病	8712	儿科门诊	2017-10-27 08:21:5
23	0400	李平	主治医师	20171027||2||00002	00002	ICD植入术后	0400	心血管内科门诊	2017-10-27 07:55:0
24	2233	张红	副主任医师	20171027||2||00021	00021	甲状腺功能减退	2233	内分泌门诊	2017-10-27 17:45:3

⊘ 查询已成功执行。　　　　　localhost (15.0 RTM)　ZYK\Administrator (51)　HISDB　00:00:00　24 行

图 4-56　等值连接（内连接）

3）自然连接。

示例：查询医生及对应患者的诊断信息，要求以自然连接的方式实现。

实现该示例的 SQL 语句及查询结果如图 4-57 所示。

小　贴　士

自然连接就是在等值连接的基础上去掉重复的连接属性。

4）外连接。外连接分左外连接、右外连接、全外连接三种类型。

示例：查询每个医师的基本信息及其患者的诊断信息。

实现该示例的 SQL 语句及查询结果如图 4-58 所示。

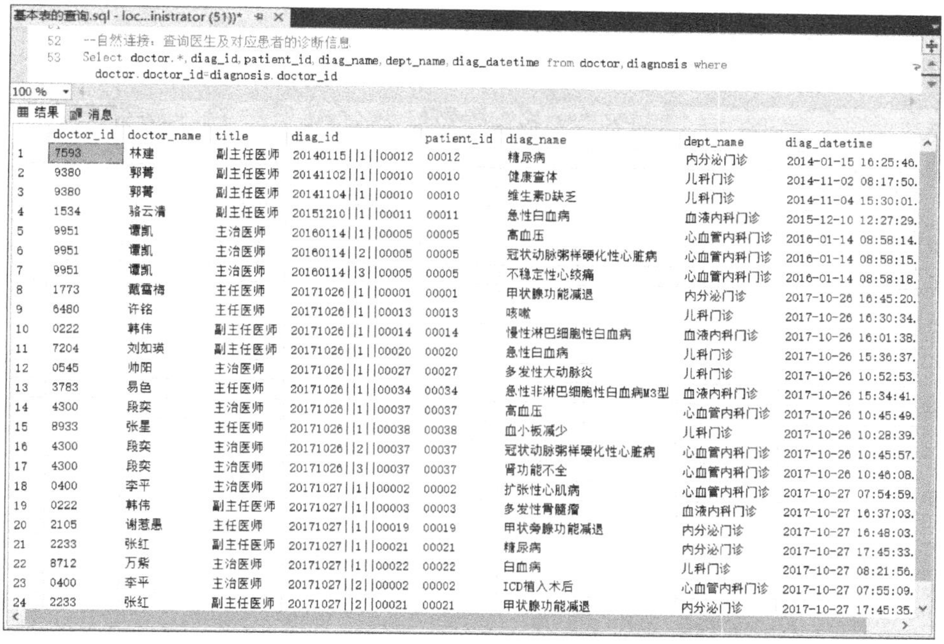

基本表的查询.sql - loc...inistrator (51))* ⊣ ×

```
52  --自然连接：查询医生及对应患者的诊断信息
53  Select doctor.*,diag_id,patient_id,diag_name,dept_name,diag_datetime from doctor,diagnosis where
    doctor.doctor_id=diagnosis.doctor_id
```

100 %

囲 结果 ⥠ 消息

	doctor_id	doctor_name	title	diag_id	patient_id	diag_name	dept_name	diag_datetime
1	7593	林建	副主任医师	20140115||1||00012	00012	糖尿病	内分泌门诊	2014-01-15 16:25:46.
2	9380	郭菁	副主任医师	20141102||1||00010	00010	健康查体	儿科门诊	2014-11-02 08:17:50.
3	9380	郭菁	副主任医师	20141104||1||00010	00010	维生素D缺乏	儿科门诊	2014-11-04 15:30:01.
4	1534	骆云清	副主任医师	20151210||1||00011	00011	急性白血病	血液内科门诊	2015-12-10 12:27:29.
5	9951	谭凯	主治医师	20160114||1||00005	00005	高血压	心血管内科门诊	2016-01-14 08:58:14.
6	9951	谭凯	主治医师	20160114||2||00005	00005	冠状动脉粥样硬化性心脏病	心血管内科门诊	2016-01-14 08:58:15.
7	9951	谭凯	主治医师	20160114||3||00005	00005	不稳定性心绞痛	心血管内科门诊	2016-01-14 08:58:18.
8	1773	戴雪梅	主任医师	20171026||1||00001	00001	甲状腺功能减退	内分泌门诊	2017-10-26 16:45:20.
9	6480	许铭	主任医师	20171026||1||00013	00013	咳嗽	儿科门诊	2017-10-26 16:45:57.
10	0222	韩伟	副主任医师	20171026||1||00014	00014	慢性淋巴细胞性白血病	血液内科门诊	2017-10-26 16:01:38.
11	7204	刘如瑛	副主任医师	20171026||1||00020	00020	急性白血病	儿科门诊	2017-10-26 15:36:37.
12	0545	帅阳	主治医师	20171026||1||00027	00027	多发性大动脉炎	儿科门诊	2017-10-26 10:52:53.
13	3783	易色	主任医师	20171026||1||00034	00034	急性非淋巴细胞性白血病M3型	血液内科门诊	2017-10-26 15:34:41.
14	4300	段奕	主治医师	20171026||1||00037	00037	高血压	心血管内科门诊	2017-10-26 10:45:49.
15	8933	张星	主任医师	20171026||1||00038	00038	血小板减少	儿科门诊	2017-10-26 10:28:39.
16	4300	段奕	主治医师	20171026||2||00037	00037	冠状动脉粥样硬化性心脏病	心血管内科门诊	2017-10-26 10:45:57.
17	4300	段奕	主治医师	20171026||3||00037	00037	肾功能不全	心血管内科门诊	2017-10-26 10:46:08.
18	0400	李平	主治医师	20171027||1||00002	00002	扩张性心肌病	心血管内科门诊	2017-10-27 07:54:59.
19	0222	韩伟	副主任医师	20171027||1||00003	00003	多发性骨髓瘤	血液内科门诊	2017-10-27 16:48:03.
20	2105	谢惹愚	主任医师	20171027||1||00019	00019	甲状旁腺功能减退	内分泌门诊	2017-10-27 16:48:03.
21	2233	张红	副主任医师	20171027||1||00021	00021	糖尿病	内分泌门诊	2017-10-27 17:45:33.
22	8712	万紫	主治医师	20171027||1||00022	00022	白血病	儿科门诊	2017-10-27 08:21:56.
23	0400	李平	主治医师	20171027||2||00002	00002	ICD植入术后	心血管内科门诊	2017-10-27 07:55:09.
24	2233	张红	副主任医师	20171027||2||00021	00021	甲状腺功能减退	内分泌门诊	2017-10-27 17:45:35.

图 4-57 自然连接

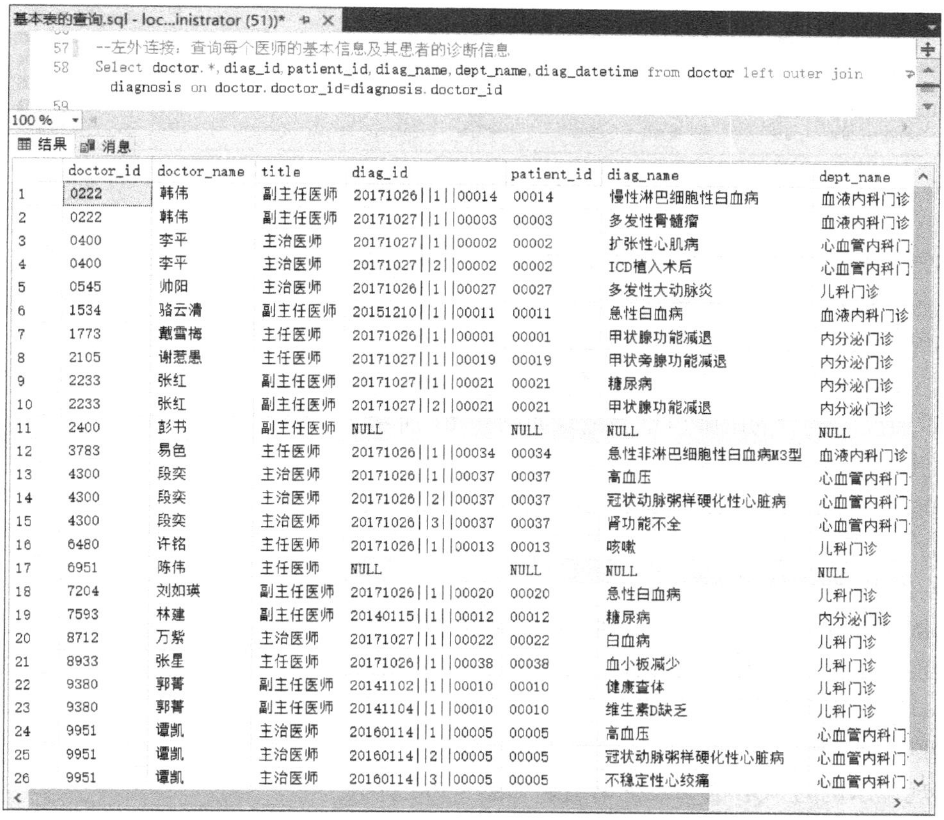

基本表的查询.sql - loc...inistrator (51))* ⊣ ×

```
57  --左外连接：查询每个医师的基本信息及其患者的诊断信息
58  Select doctor.*,diag_id,patient_id,diag_name,dept_name,diag_datetime from doctor left outer join
    diagnosis on doctor.doctor_id=diagnosis.doctor_id
```

100 %

囲 结果 ⥠ 消息

	doctor_id	doctor_name	title	diag_id	patient_id	diag_name	dept_name
1	0222	韩伟	副主任医师	20171026||1||00014	00014	慢性淋巴细胞性白血病	血液内科门诊
2	0222	韩伟	副主任医师	20171027||1||00003	00003	多发性骨髓瘤	血液内科门诊
3	0400	李平	主治医师	20171027||1||00002	00002	扩张性心肌病	心血管内科门诊
4	0400	李平	主治医师	20171027||2||00002	00002	ICD植入术后	心血管内科门诊
5	0545	帅阳	主治医师	20171027||1||00027	00027	多发性大动脉炎	儿科门诊
6	1534	骆云清	副主任医师	20151210||1||00011	00011	急性白血病	血液内科门诊
7	1773	戴雪梅	主任医师	20171027||1||00001	00001	甲状腺功能减退	内分泌门诊
8	2105	谢惹愚	主任医师	20171027||1||00019	00019	甲状旁腺功能减退	内分泌门诊
9	2233	张红	副主任医师	20171027||1||00021	00021	糖尿病	内分泌门诊
10	2233	张红	副主任医师	20171027||2||00021	00021	甲状腺功能减退	内分泌门诊
11	2400	彭书	副主任医师	NULL	NULL	NULL	NULL
12	3783	易色	主任医师	20171026||1||00034	00034	急性非淋巴细胞性白血病M3型	血液内科门诊
13	4300	段奕	主治医师	20171026||1||00037	00037	高血压	心血管内科门诊
14	4300	段奕	主治医师	20171026||2||00037	00037	冠状动脉粥样硬化性心脏病	心血管内科门诊
15	4300	段奕	主治医师	20171026||3||00037	00037	肾功能不全	心血管内科门诊
16	6480	许铭	主任医师	20171026||1||00013	00013	咳嗽	儿科门诊
17	6951	陈伟	主任医师	NULL	NULL	NULL	NULL
18	7204	刘如瑛	副主任医师	20171026||1||00020	00020	急性白血病	儿科门诊
19	7593	林建	副主任医师	20140115||1||00012	00012	糖尿病	内分泌门诊
20	8712	万紫	主治医师	20171027||1||00022	00022	白血病	儿科门诊
21	8933	张星	主任医师	20171026||1||00038	00038	血小板减少	儿科门诊
22	9380	郭菁	副主任医师	20141102||1||00010	00010	健康查体	儿科门诊
23	9380	郭菁	副主任医师	20141104||1||00010	00010	维生素D缺乏	儿科门诊
24	9951	谭凯	主治医师	20160114||1||00005	00005	高血压	心血管内科门诊
25	9951	谭凯	主治医师	20160114||2||00005	00005	冠状动脉粥样硬化性心脏病	心血管内科门诊
26	9951	谭凯	主治医师	20160114||3||00005	00005	不稳定性心绞痛	心血管内科门诊

图 4-58 左外连接

示例：列出每个患者的基本信息及其诊断信息。

实现该示例的 SQL 语句及查询结果如图 4-59 所示。

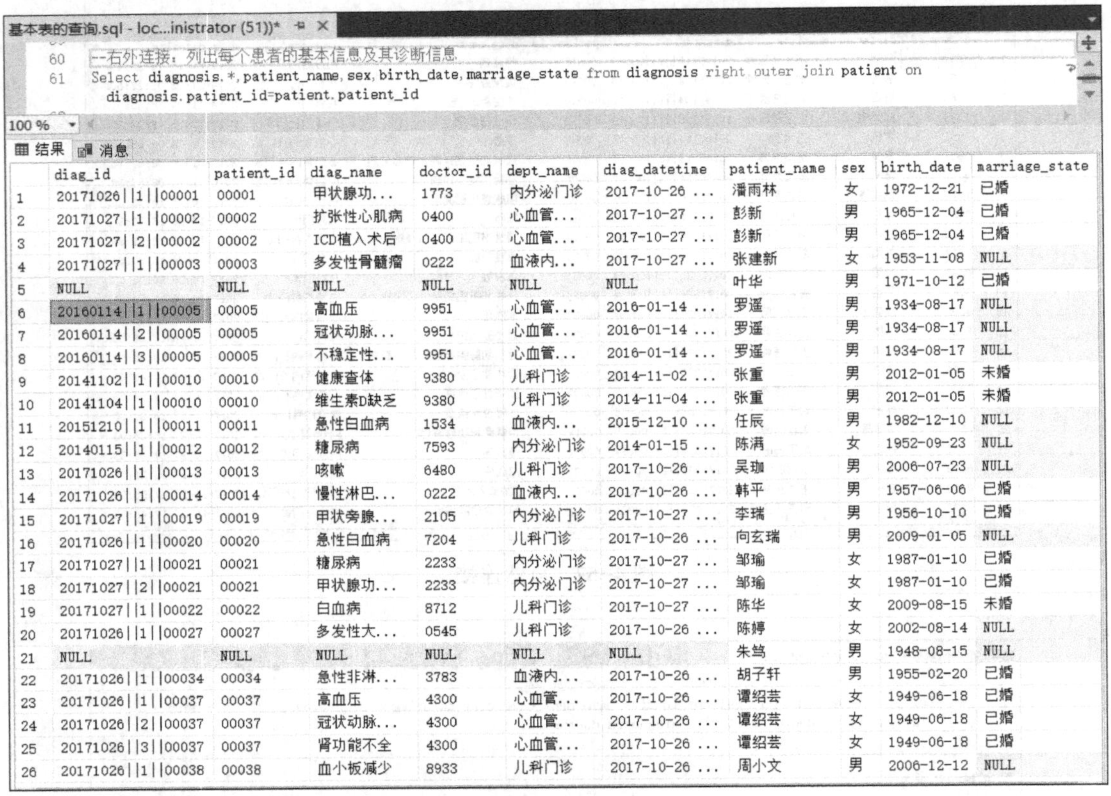

图 4-59　右外连接

示例：列出所有医师和其诊断患者的基本信息，包括医生编号、姓名、职称、患者编号、姓名、性别、患者所患疾病。

实现该示例的 SQL 语句及查询结果如图 4-60 所示。

5）自身连接。为实现自身连接，在医师信息表中添加一属性列：科室主任（director），添加该属性后的医师信息表记录如图 4-61 所示。

示例：查询所有科室主任的基本信息。

实现该示例的 SQL 语句及查询结果如图 4-62 所示。

（3）嵌套查询。

1）带 IN 谓词的子查询。

示例：查询与段奕在同一科室工作的医师信息。

实现该示例的 SQL 语句及查询结果如图 4-63 所示。

2）带比较运算符的子查询。

示例：查询比患者潘雨林年龄大的患者信息。

实现该示例的 SQL 语句及查询结果如图 4-64 所示。

```
基本表的查询.sql - loc...inistrator (51))*  + ×
   62
   63      --全外连接，列出每个医师、每个患者的基本信息及患者所患疾病的名称
   64      Select doctor.*,diagnosis.diag_id,diag_name,patient.patient_id,patient_name,sex from doctor full join diagnosis
           on doctor.doctor_id=diagnosis.doctor_id full join patient on diagnosis.patient_id=patient.patient_id
100 %  ▼
```

	doctor_id	doctor_name	title	diag_id	diag_name	patient_id	patient_name	sex
1	0222	韩伟	副主任医师	20171026‖1‖00014	慢性淋巴细胞性白血病	00014	韩平	男
2	0222	韩伟	副主任医师	20171027‖1‖00003	多发性骨髓瘤	00003	张建新	女
3	0400	李平	主治医师	20171027‖1‖00002	扩张性心肌病	00002	彭新	男
4	0400	李平	主治医师	20171027‖2‖00002	ICD植入术后	00002	彭新	男
5	0545	帅阳	主治医师	20171026‖1‖00027	多发性大动脉炎	00027	陈婷	女
6	1534	骆云清	副主任医师	20151210‖1‖00011	急性白血病	00011	任辰	男
7	1773	戴雪梅	主任医师	20171027‖1‖00001	甲状腺功能减退	00001	潘雨林	女
8	2105	谢慧愚	主任医师	20171027‖1‖00019	甲状旁腺功能减退	00019	李瑞	男
9	2233	张红	副主任医师	20171027‖1‖00021	糖尿病	00021	邹瑜	女
10	2233	张红	副主任医师	20171027‖2‖00021	甲状腺功能减退	00021	邹瑜	女
11	2400	彭书	副主任医师	NULL	NULL	NULL	NULL	NULL
12	3783	易色	主任医师	20171026‖1‖00034	急性非淋巴细胞性白血病M3型	00034	胡子轩	男
13	4300	段奕	主治医师	20171026‖1‖00037	高血压	00037	谭绍芸	女
14	4300	段奕	主治医师	20171026‖2‖00037	冠状动脉粥样硬化性心脏病	00037	谭绍芸	女
15	4300	段奕	主治医师	20171026‖3‖00037	肾功能不全	00037	谭绍芸	女
16	6480	许铭	主任医师	20171026‖1‖00013	咳嗽	00013	吴珈	男
17	6951	陈伟	主任医师	NULL	NULL	NULL	NULL	NULL
18	7204	刘如瑛	副主任医师	20171026‖1‖00020	急性白血病	00020	向玄瑞	男
19	7593	林建	副主任医师	20140115‖1‖00012	糖尿病	00012	陈沸	女
20	8712	万紫	主治医师	20171027‖1‖00022	白血病	00022	陈华	女
21	8933	张星	主任医师	20171026‖1‖00038	血小板减少	00038	周小文	男
22	9380	郭菁	副主任医师	20141102‖1‖00010	健康查体	00010	张重	男
23	9380	郭菁	副主任医师	20141104‖1‖00010	维生素D缺乏	00010	张重	男
24	9951	谭凯	主治医师	20160114‖1‖00005	高血压	00005	罗遥	男
25	9951	谭凯	主治医师	20160114‖2‖00005	冠状动脉粥样硬化性心脏病	00005	罗遥	男
26	9951	谭凯	主治医师	20160114‖3‖00005	不稳定性心绞痛	00005	罗遥	男
27	NULL	NULL	NULL	NULL	NULL	00030	朱笃	男

```
⊘ 查询已成功执行。                    localhost (15.0 RTM)  ZYK\Administrator (51)  HISDB  00:00:00  28 行
```

图 4-60　全外连接

	doctor_id	doctor_name	title	director
1	0222	韩伟	副主任医师	3783
2	0400	李平	主治医师	6951
3	0545	帅阳	主治医师	8933
4	1534	骆云清	副主任医师	3783
5	1773	戴雪梅	主任医师	1773
6	2105	谢慧愚	主任医师	1773
7	2233	张红	副主任医师	1773
8	2400	彭书	副主任医师	6951
9	3783	易色	主任医师	3783
10	4300	段奕	主治医师	6951
11	6480	许铭	主任医师	8933
12	6951	陈伟	主任医师	6951
13	7204	刘如瑛	副主任医师	8933
14	7593	林建	副主任医师	1773
15	8712	万紫	主治医师	8933
16	8933	张星	主任医师	8933
17	9380	郭菁	副主任医师	8933
18	9951	谭凯	主治医师	6951

图 4-61　添加科室主任列之后的医师信息表记录

数据库实验教程

基本表的查询.sql - loc...inistrator (51))* ꜛ ×

```
66    --自身连接：查询所有科室主任的基本信息
67    select distinct d1.director,d2.doctor_name,d2.title from doctor d1,doctor d2
      where d1.director=d2.doctor_id
```

100 %

⊞ 结果 | 消息

	director	doctor_name	title
1	1773	戴雪梅	主任医师
2	3783	易色	主任医师
3	6951	陈伟	主任医师
4	8933	张星	主任医师

图 4-62　自身连接

基本表的查询.sql - loc...inistrator (51))* ꜛ ×

```
69    --带IN谓词的子查询：查询与段奕在同一科室工作的医师信息.
70    select * from doctor where director in (select director from doctor where
      doctor_name='段奕')
```

100 %

⊞ 结果 | 消息

	doctor_id	doctor_name	title	director
1	0400	李平	主治医师	6951
2	2400	彭书	副主任医师	6951
3	4300	段奕	主治医师	6951
4	6951	陈伟	主任医师	6951
5	9951	谭凯	主治医师	6951

图 4-63　带 IN 谓词的子查询

基本表的查询.sql - loc...inistrator (51))* ꜛ ×

```
72    --带比较运算符的子查询：查询比患者潘雨林年龄大的患者信息.
73    select * from patient where birth_date<(select birth_date from patient
      where patient_name='潘雨林')
```

100 %

⊞ 结果 | 消息

	patient_id	patient_name	sex	birth_date	marriage_state
1	00002	彭新	男	1965-12-04	已婚
2	00003	张建新	女	1953-11-08	NULL
3	00004	叶华	男	1971-10-12	已婚
4	00005	罗遥	男	1934-08-17	NULL
5	00012	陈溪	女	1952-09-23	NULL
6	00014	韩平	男	1957-06-06	已婚
7	00019	李瑞	男	1956-10-10	已婚
8	00030	朱笃	男	1948-08-15	NULL
9	00034	胡子轩	男	1955-02-20	已婚
10	00037	谭绍芸	女	1949-06-18	已婚

图 4-64　带比较运算符的子查询

3）带 ANY、ALL 谓词的子查询。

示例：查询比患糖尿病的任一患者年龄大的患者信息。

实现该示例的 SQL 语句及查询结果如图 4-65 所示。

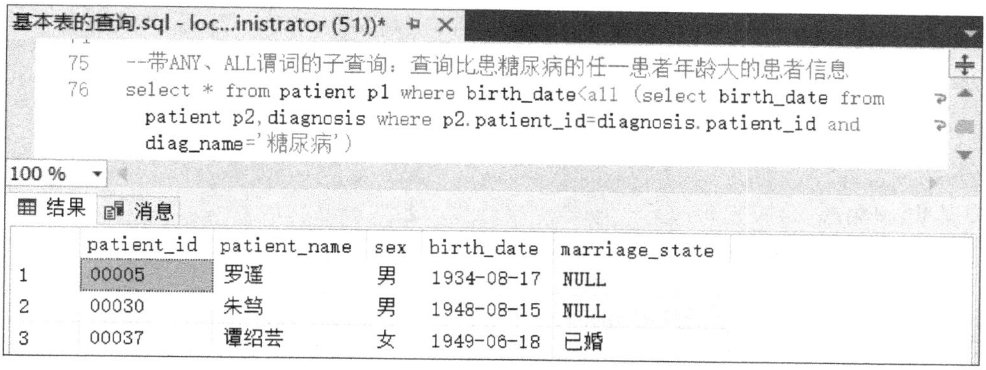

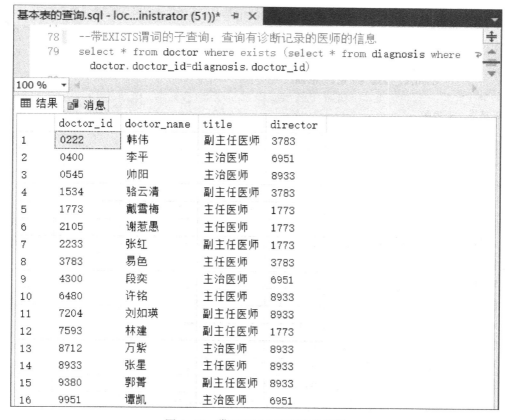

图 4-65　带 ANY、ALL 谓词的子查询

4）带 EXISTS 谓词的子查询。

示例：查询有诊断记录的医师的信息。

实现该示例的 SQL 语句及查询结果如图 4-66 所示。

图 4-66　带 EXISTS 谓词的子查询

示例：查询对所有患者均有诊疗记录的医师信息。

实现该示例的 SQL 语句及查询结果如图 4-67 所示，未查到满足要求的记录。

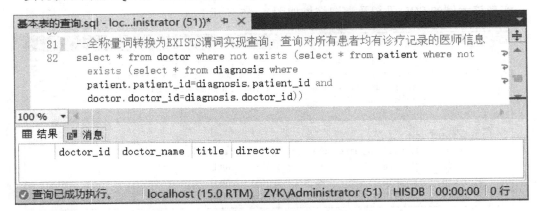

图 4-67　全称量词转换为 EXISTS 谓词实现查询

示例：查询患了患者（00012）所患所有疾病的患者编号。

实现该示例的 SQL 语句及查询结果如图 4-68 所示。

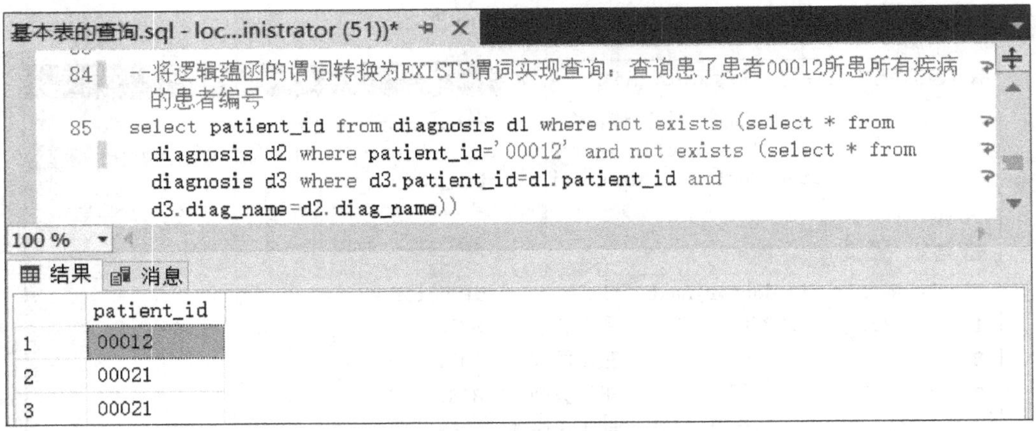

图 4-68　将逻辑蕴含的谓词转换为 EXISTS 谓词实现查询

示例：在上例的基础拓展，查询患了患者陈满（对应患者编号 00012）所患所有疾病的患者信息。

实现该示例的 SQL 语句及查询结果如图 4-69 所示。

（4）集合查询：指传统的并、交、差运算。

示例：查询患糖尿病的患者及年龄大于 50 岁的患者。

实现该示例的 SQL 语句及查询结果如图 4-70 所示。

示例：查询患糖尿病的患者且年龄大于 50 岁的患者的交集。

实现该示例的 SQL 语句及查询结果如图 4-71 所示。

示例：查询患糖尿病的患者与年龄大于 50 岁的患者的差集。

实现该示例的 SQL 语句及查询结果如图 4-72 所示。

```
87  --将逻辑蕴函的谓词转换为EXISTS谓词实现查询拓展：查询患了患者陈满所患所有疾
    病的患者信息.
88  select p1.* from patient p1,diagnosis d1 where p1.patient_id=d1.patient_id
    and not exists（select * from patient p2,diagnosis d2 where
    p2.patient_name='陈满' and p2.patient_id=d2.patient_id and not exists
    （select * from diagnosis d3 where d3.patient_id=d1.patient_id and
    d3.diag_name=d2.diag_name））
```

	patient_id	patient_name	sex	birth_date	marriage_state
1	00012	陈满	女	1952-09-23	NULL
2	00021	邹瑜	女	1987-01-10	已婚
3	00021	邹瑜	女	1987-01-10	已婚

图 4-69　将逻辑蕴函的谓词转换为 EXISTS 谓词实现查询拓展

```
90  --并运算：查询患糖尿病的患者及年龄大于50岁的患者
91  select * from patient where YEAR(GETDATE())-YEAR(birth_date)>50 union
    select patient.* from patient,diagnosis where
    patient.patient_id=diagnosis.patient_id and diag_name='糖尿病'
```

	patient_id	patient_name	sex	birth_date	marriage_state
1	00002	彭新	男	1965-12-04	已婚
2	00003	张建新	女	1953-11-08	NULL
3	00005	罗遥	男	1934-08-17	NULL
4	00012	陈满	女	1952-09-23	NULL
5	00014	韩平	男	1957-06-06	已婚
6	00019	李瑞	男	1956-10-10	已婚
7	00021	邹瑜	女	1987-01-10	已婚
8	00030	朱笃	男	1948-08-15	NULL
9	00034	胡子轩	男	1955-02-20	已婚
10	00037	谭绍芸	女	1949-06-18	已婚

图 4-70　并运算

```
93  --交运算：查询患糖尿病的患者且年龄大于50岁的患者的交集
94  select * from patient where YEAR(GETDATE())-YEAR(birth_date)>50
    INTERSECT select patient.* from patient,diagnosis where
    patient.patient_id=diagnosis.patient_id and diag_name='糖尿病'
```

	patient_id	patient_name	sex	birth_date	marriage_state
1	00012	陈满	女	1952-09-23	NULL

图 4-71　交运算

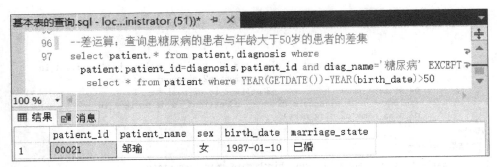

```
基本表的查询.sql - loc...inistrator (51))*
96    --差运算：查询患糖尿病的患者与年龄大于50岁的患者的差集
97    select patient.* from patient,diagnosis where
         patient.patient_id=diagnosis.patient_id and diag_name='糖尿病' EXCEPT
            select * from patient where YEAR(GETDATE())-YEAR(birth_date)>50
100 %
结果   消息
```

	patient_id	patient_name	sex	birth_date	marriage_state
1	00021	邹瑜	女	1987-01-10	已婚

图 4-72　差运算

⁇ 问与答

为什么语法正确的 SQL 语句，也会出现红色波浪线的提示，是否可以消掉？

答：红色波浪线是 SQL Server 的智能提示功能，一般是提示 SQL 语句有错，如果确定代码无错，将鼠标当前位置置于出现红色波浪线提示的 SQL 文件中，再依次点击"编辑/IntelliSense/刷新本地缓存"就会发现红色波浪线没了。

　　出现红色波浪线是由客户端内存与数据库信息不一致造成的。比如说新建一张数据表 doctor 之后，当使用结构化查询语句，输入 select * from doctor 时，表名 doctor 总是会出现红色波浪线。这是因为，数据库那里，已经有表 doctor 了，但是客户端的缓存里面，并没有表 doctor 的信息。也就是内存里面的信息，没有更新。因此，客户端的 SQL 语句中的 doctor 下会出现红色波浪线。

实验六　基本表的更新

一、实验目的

熟悉通过 T-SQL 对数据库中的数据进行更新的操作。

二、实验工具

Microsoft SQL Server 及其查询分析器。

三、实验学时数

2 学时。

四、实验内容和要求

（1）插入数据：插入单元组，插入子查询结果。
（2）修改数据：修改某一个元组的值，修改多个元组的值，带子查询的修改。
（3）删除数据：删除某一个元组的值，删除多个元组的值，带子查询的删除。

五、实验报告

按附录要求认真填写实验报告，记录实验案例。

六、相关知识点

（一）插入数据
（1）插入单个元组。插入单个元组的语法如下：
INSERT INTO <表名>［（<属性列 1>［, <属性列 2>…）］
VALUES（<常量 1>［, <常量 2>］…）［;］
说明：INSERT 语句功能是将新元组插入指定表中。其中新记录属性列 1 的值为常量 1，属性列 2 的值为常量 2，……。如果某些属性列在 INTO 子句中没有出现，则新记录在这些列上将取空值。要注意的是，在表定义时说明了 NOT NULL 的属性列不能取空值，否则会出错；如果 INTO 子句中没有指明任何列名，则新插入的记录必须在每个属性列上均有值。
示例：在诊断信息表中插入一条诊断记录：（'20180416｜｜1｜｜00022'，'00022'，'发热'，'8712'，'儿科门诊'，'2018-04-16 8：16：58.000'）。
实现该示例的 SQL 语句及其执行结果提示信息如图 4-73 所示。
（2）插入子查询结果。插入子查询结果即将查询结果插入某张存在的表中。插入子查询结果的语法格式如下：
INSERT INTO <表名>［（<属性列 1>［, <属性列 2>…）］
子查询［;］

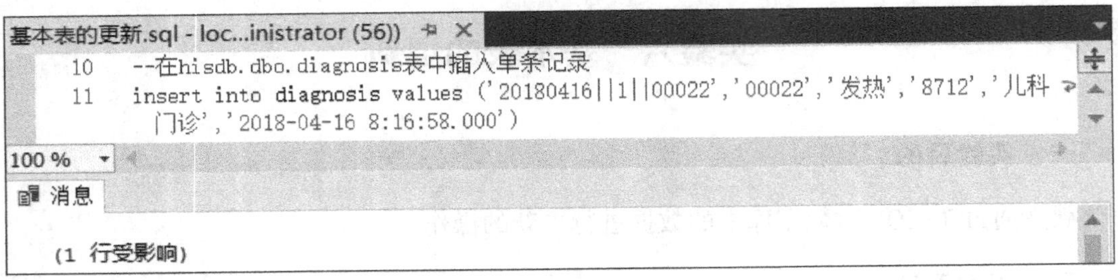

图 4-73　插入单条记录

示例：将 hisdb1. dbo. patient_temp 表中的数据插入 HISDB. dbo. patient 表中，将 his-db1. dbo. doctor_temp 表中的数据插入 HISDB. dbo. doctor 表中，将 hisdb1. dbo. diagnosis_temp 表中的数据插入 HISDB. dbo. diagnosis 表中。

这个示例可由 3 个查询语句实现，实现这 3 个查询的 SQL 语句及其执行结果提示信息如图 4-74 所示。

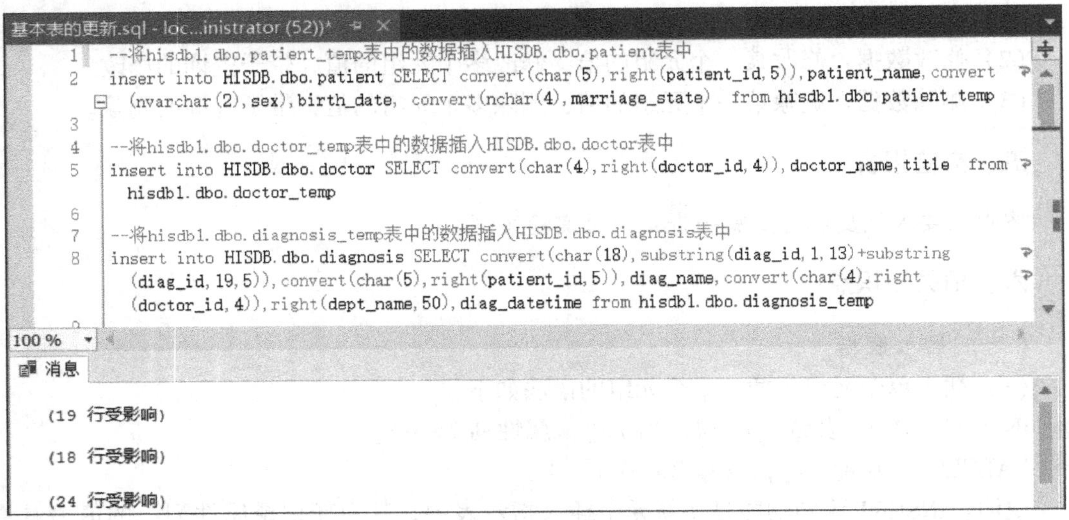

图 4-74　插入子查询结果

（二）修改数据

修改数据语法格式如下：

UPDATE <表名> SET <列名>=<表达式>[,<列名>=<表达式>]…

[WHERE <条件>][;]

（1）修改某一个元组的值。

示例：将患者 00001 的出生日期改为 1971-12-21。

实现该示例的 SQL 语句及执行结果消息提示如图 4-75 所示。

（2）修改多个元组的值。

示例：将所有患者的出生日期改大 1 年。

实现该示例的 SQL 语句及执行结果消息提示如图 4-76 所示。

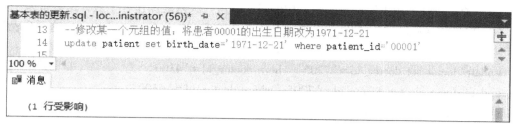

图 4-75　修改某一元组的值

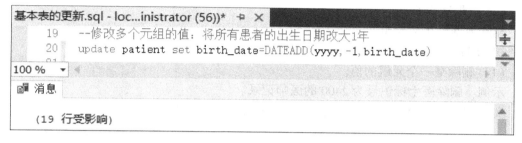

图 4-76　修改多个元组的值

示例：找出婚姻状态为空值的记录，并将其婚姻状态改成未说明。

实现该示例的 SQL 语句及执行结果消息提示如图 4-77 所示。

图 4-77　修改多个元组的值

（3）带子查询的修改。

示例：将主治医师诊治过的患者的出生日期改大 2 个月。

实现该示例的 SQL 语句及执行结果消息提示如图 4-78 所示。

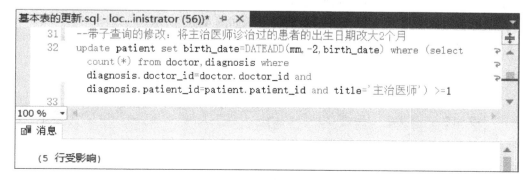

图 4-78　带子查询的修改

（4）修改操作与数据库的一致性。UPDATE 语句一次只能操作一个表，这会带来一些问题。如，想将 doctor_id 值为 4300 的医师标志号改为 7205，由于 doctor、diagnosis 这两个表都有关于 4300 的信息，因此这两个表都需要修改，这种修改需要通过两条 UPDATE 语句进行：

update doctor set doctor_id = ' 7205 ' where doctor_id = ' 4300 '

update diagnosis set doctor_id = ' 7205 ' where doctor_id = ' 4300 '

这两条语句要么都执行，要么都不执行，如果只执行其中的一条，则数据处于不一致状态，这两条语句的执行需要借助事务的使用才能完成。

具体操作参见"实验十一　事务"。

（三）删除数据

删除数据语法格式如下：

DELETE FROM <表名>[WHERE <条件>][;]

（1）删除某一个元组的值。

示例：删除医生标识号为 2400 的医师记录。

实现该示例的 SQL 语句及执行结果消息提示如图 4-79 所示。

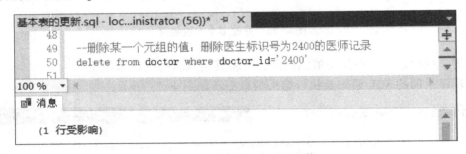

图 4-79　删除某一个元组的值

（2）删除操作与数据库的一致性。DELETE 语句一次只能操作一个表，类似于 INSERT 语句，亦会带来数据一致性问题。如，如果上例中医师信息表中要删除的记录的医师标志号为 7593 时，由于诊断表 diagnosis 中已存在该医师的诊断信息，因此诊断表中的相关记录也需要删除，或者因为这条诊疗记录的存在，而选择不删除该医师的信息。具体操作读者可在参照"实验十一　事务"后自行完成。

（3）删除多个元组的值。

示例：删除所有儿科门诊的诊断记录。

实现该示例的 SQL 语句及执行结果消息提示如图 4-80 所示。

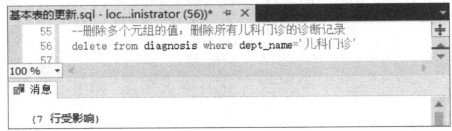

图 4-80　删除多个元组的值

（4）带子查询的删除。

示例：删除与患者谭绍芸有关的所有诊断记录。

实现该示例的 SQL 语句及执行结果消息提示如图 4-81 所示。

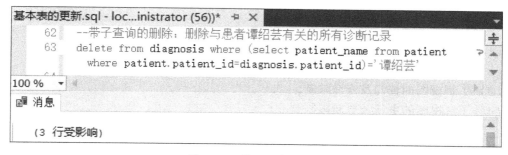

图 4-81　带子查询的删除

?　问与答

1. 如果一个表有 30,000 行数据，另一个表有 200,000 行数据，它们连接后产生多少行数据？

   答：产生 6,000,000,000 行数据。

2. 在目标表不存在的情况下，如何将查询结果保存到一张新的表中？

   答：语句形式为：SELECT value1［，value2，…］into 数据库名．框架名．新表 from 数据库名．框架名．查询表。

实验七　视图的应用

一、实验目的

（1）了解视图的作用。
（2）掌握利用 T-SQL 创建视图的方法。
（3）了解视图的查询及查询限制。
（4）了解视图的更新及更新限制。

二、实验工具

Microsoft SQL Server 及其查询分析器。

三、实验学时数

2 学时。

四、实验内容和要求

（1）创建视图。要求创建行列子集和非行列子集两类视图，通过对视图的定义了解视图的作用并说明。

（2）查询视图。通过对建立的不同视图的查询，了解视图查询与基本表查询的区别及限制并说明。

（3）更新视图。通过对建立的不同视图的更新（插入、修改、删除），了解视图更新与基本表更新的区别及限制并说明。

（4）删除视图。

五、实验报告

按附录 2 要求认真填写实验报告，记录实验案例。

六、相关知识点与示例

视图是由 SELECT 语句从一个或者多个表中导出形成的结果。用来导出视图的表称之为基表。视图也可以从一个或者多个其他视图中产生。导出视图的 SELECT 语句存放在数据库中。而与视图定义有关的数据并没有在数据库中另外保存一份，因此，视图也称为虚表。视图的行为和表类似，可以通过视图查询表的数据，也可以修改表的数据。

（一）视图的定义、查询、更新与删除
（1）定义视图的语法格式。
定义视图的语法格式如下：
CREATE VIEW <视图名>[(<列名>[,<列名>]…)]
　　　　AS <子查询>
　　　　[WITH CHECK OPTION][;]

说明：其中的子查询可以是任意复杂的 SELECT 语句，但通常不允许含有 ORDER BY 子句和 DISTINCT 短语。WITH CHECK OPTION 表示对视图进行 UPDATE，INSERT 和 DELETE 操作时要保证更新、插入或删除的行满足视图定义中的谓词条件（即子查询中的条件表达式）。如果 CREATE VIEW 语句仅指定了视图名，省略了组成视图的各个属性列名，则隐含该视图由子查询中 SELECT 子句目标列中的诸字段组成。但在下列三种情况下必须明确指定组成视图的所有列名。

1）其中某个目标列不是单纯的属性名，而是集函数或列表达式。

2）多表连接时选出了几个同名列作为视图的字段。

3）需要在视图中为某个列启用新的更合适的名字。

视图可以和基本表一样被查询和删除，也可以在视图或者基本表与视图之上再定义视图，但对视图的更新（增、删、改）操作则会受到一定的限制。

要说明的是，数据库管理系统执行 CREATE VIEW 语句的结果只是把对视图的定义存入数据字典，并不执行其中的 SELECT 语句，只有在对视图查询时，才执行该语句。

（2）视图的查询。视图定义后，用户可以像对基本表一样对视图进行查询。DBMS 在执行对视图的查询时，首先进行有效性检查，检查查询涉及的表、视图等是否在数据库中存在，如果存在，则从数据字典中取出查询涉及的视图的定义，把定义中的子查询和用户对视图的查询结合起来，转换成对基本表的查询，然后再执行这个经过修正的查询。

（3）视图的更新。视图是虚表，对视图的更新最终要转换为对基本表的更新。在关系数据库中，并不是所有的视图都允许更新，因为有些视图的更新不能唯一地、有意义地转换成对相应基本表的更新。

（4）视图的删除。与视图定义有关的基本表被删除后，由该基本表导出的视图将失效，但不会自动删除。视图的查询、更新操作完成后，要求显示删除视图的定义，格式如下：

DROP VIEW <视图名>[CASCADE]；

视图分为行列子集视图与非行列子集视图两大类。行列子集视图是指从单个基本表导出的视图，且在保留码的基础上去掉某些行或列。其他视图则属于非行列子集视图。

（二）行列子集视图的创建、更新与删除

行列子集视图的创建分两种情况：不带 WITH CHECK OPTION 子句、带 WITH CHECK OPTION 子句。

（1）不带 WITH CHECK OPTION 子句。

示例：建立主任医师的视图。

实现该示例的 SQL 语句及执行结果消息提示如图 4-82 所示。

创建视图时不带 WITH CHECK OPTION 子句，对该视图进行插入、修改、删除操作时可能存在与预期的结果不符的情况。

示例：在视图 doctor_主任医师 1 中插入一条记录：（'9999'，'王星宇'）。

实现该示例的 SQL 语句及执行结果消息提示如图 4-83 所示。

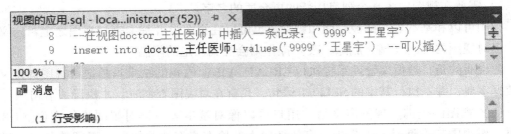

图 4-82　创建不带 WITH CHECK OPTION 子句的行列子集视图

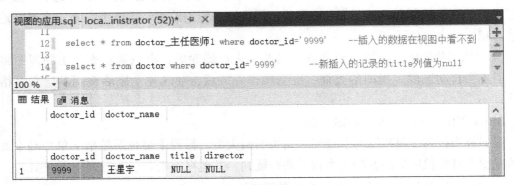

图 4-83　在不带 WITH CHECK OPTION 子句创建的行列子集视图插入记录

通过图 4-83 可知，在视图 doctor_主任医师 1 中插入记录是成功的。在该视图及建立该视图的基本表中查询插入的记录是否存在？实现查询的 SQL 语句及执行结果如图 4-84 所示。

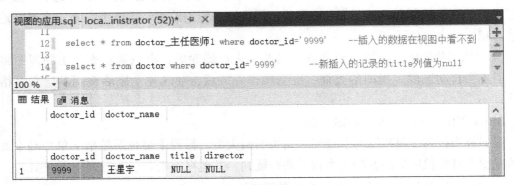

图 4-84　查询插入的记录

通过图 4-84 可知，在视图 doctor_主任医师 1 中无插入记录，但在构建该视图的基本表 doctor 中有该记录。之所以出现这种情况的原因是：在视图 doctor_主任医师 1 中插入记录的职称（title）值以空值的形式插入，再执行视图查询语句时则不符合视图定义中的职称为主任医师的条件，但在基本表中这条记录却是存在的，即插入结果出现与操作者预期不相符的效果，既然是在主任医师视图中添加一条记录，添加的肯定是一条主任医师的信息。

同样，在该主任医师视图中想删除这条记录也是不可能的，只有直接在 doctor 表中删除该记录方可，具体的 SQL 查询语句及执行结果返回信息如图 4-85 所示。

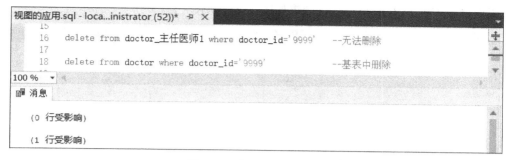

图 4-85 插入记录的删除

当导出视图的基本表被删除后，建立在其上的视图自动失效，但视图的定义一般不会被删除，删除视图通常由 DROP VIEW 语句完成。

示例：删除主任医师视图 doctor_主任医师 1。

实现查询的 SQL 语句及执行结果如图 4-86 所示。

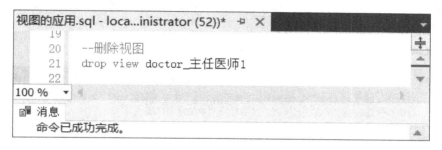

图 4-86 视图的删除

（2）带 WITH CHECK OPTION 子句。

示例：建立主任医师的视图，且要求进行插入和修改操作时仍须保证该视图只有主任医师。

实现该查询的 SQL 语句及执行结果返回信息如图 4-87 所示。

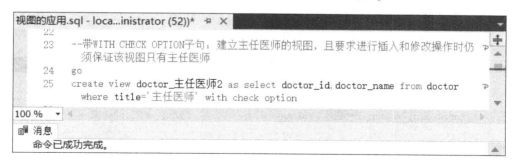

图 4-87 创建带 WITH CHECK OPTION 子句的行列子集视图

WITH CHECK OPTION 子句的使用保证了在对视图进行插入、修改、删除操作时，插入、修改、删除的行均满足视图定义中的谓词条件，即子查询中的条件表达式。

示例：在视图 doctor_主任医师 2 中插入一条记录：（'9998'，'冉立'）。

数据库实验教程

实现该查询的 SQL 语句及执行结果如图 4-88 所示。

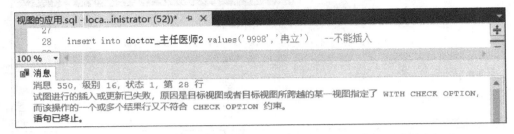

图 4-88 在带 WITH CHECK OPTION 子句创建的行列子集视图中插入记录

通过图 4-88 可知，插入记录失败。原因在于不符合 WITH CHECK 约束条件，因为 title 属性值未指定。在该视图中插入医师记录虽然不可以，但修改、删除操作可正常进行。

为在带 WITH CHECK OPTION 子句创建的行列子集视图中插入记录，可考虑在建立视图的时候携带谓词条件中的属性列。

示例：建立主任医师的视图，要求进行插入和修改操作时仍须保证该视图只有主任医师，且目标视图中包含职称属性列。

实现查询的 SQL 语句及执行结果如图 4-89 所示。

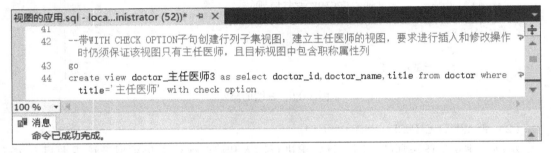

图 4-89 创建带 WITH CHECK OPTION 子句创建行列子集视图

示例：在视图 doctor_主任医师 3 中插入两条记录：('9997','王小艳','主治医师')、('9996','胡子昂','主任医师')。

实现查询的 SQL 语句及执行结果如图 4-90 所示。

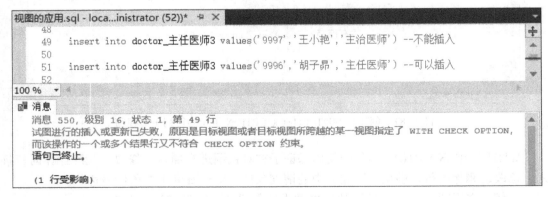

图 4-90 插入记录

通过图 4-90 可知，当插入的是非主任医师的记录，不满足 WITH CHECK 约束条件时，不能完成插入操作；当插入的是主任医师的记录时，可顺利执行。且由图 4-91 可知，删除的是视图 doctor_主任医师 3 中已有的记录时，删除操作亦可正常完成。

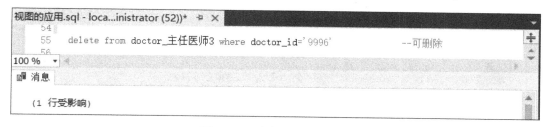

图 4-91　删除已插入的记录

（三）非行列子集视图的定义与更新

非行列子集视图分四种：建立在多基本表上的视图，建立在多视图或者同时建立在基本表与视图上的视图，设置派生列的视图，分组视图。

（1）建立在多基本表上的视图。

示例：建立糖尿病患者的视图。

实现查询的 SQL 语句及执行结果如图 4-92 所示。

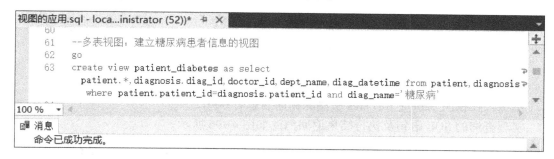

图 4-92　建立在多基本表上的视图

示例：查询女性糖尿病患者相关信息。

实现查询的 SQL 语句及执行结果如图 4-93 所示。

	patient_id	patient_name	sex	birth_date	marriage_state	diag_id	doctor_id	dep
1	00012	陈满	女	1952-09-23	NULL	20140115||1||00012	7593	内
2	00021	邹瑜	女	1987-01-10	已婚	20171027||1||00021	2233	内

图 4-93　多表视图的查询

示例：在糖尿病患者视图 patient_diabetes 中插入一条记录（'10001','罗英','女','1995-01-01','已婚'）。

实现查询的 SQL 语句及执行结果返回消息如图 4-94 所示。

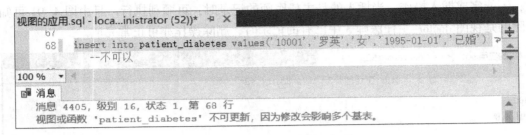

图 4-94　在多表视图中插入记录

通过图 4-94 可知，由多基本表生成的视图不支持记录的插入操作，即插入操作受限。

示例：在视图 patient_diabetes 中将糖尿病患者 00012 的婚姻状态改为离婚。

实现查询的 SQL 语句及执行结果如图 4-95 所示。

图 4-95　在多表视图中修改记录

通过图 4-95 可知，多表视图支持记录的修改操作。

示例：在视图 patient_diabetes 中删除糖尿病患者 00012。

实现查询的 SQL 语句及执行结果返回消息如图 4-96 所示。

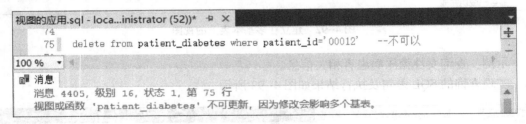

图 4-96　在多表视图中删除记录

通过图 4-96 可知，在多表视图删除记录的操作受限。

总之，多表视图可以执行查询、修改操作，但插入、删除操作受限。

（2）建立在视图，或者同时建立在基本表与视图上的视图。

示例：建立糖尿病女性患者的视图。

实现查询的 SQL 语句及执行结果返回消息如图 4-97 所示。

示例：在糖尿病女性患者视图 patient_diabetes_woman 中插入一条新的记录：（'10001'，'罗英'，'女'，'1968-01-01'，null，'20181115‖1‖10001'，'7593'，'内分泌门诊'）。

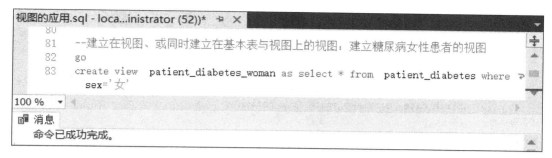

图 4-97　在视图上建立视图

实现查询的 SQL 语句及执行结果返回消息如图 4-98 所示。

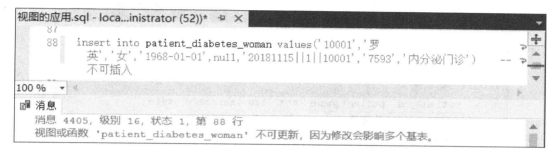

图 4-98　插入一条新记录

示例：在糖尿病女性患者视图 patient_diabetes_woman 中将患者 00012 的出生日期改为 1952-09-24。

实现查询的 SQL 语句及执行结果返回消息如图 4-99 所示。

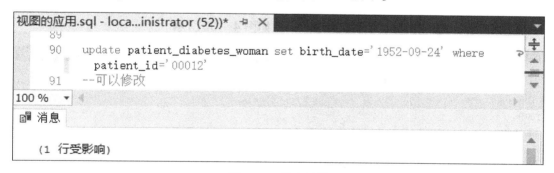

图 4-99　修改记录

（3）设置派生列的视图。

示例：定义一个反映患者年龄的视图。

实现查询的 SQL 语句及执行结果返回消息如图 4-100 所示。

示例：在视图 patient_age 中查询年龄大于 65 岁的患者信息。

实现查询的 SQL 语句及执行结果返回消息如图 4-101 所示。

示例：在视图 patient_age 中插入一条新的记录：（'10001','罗英','女',50,'已婚'）。

```
109
110   --设置派生列(虚拟列)的视图:定义一个反映患者年龄的视图
111   go
112   create view  patient_age(patient_id,patient_name,sex,age,marriage_state)
        as select patient_id,patient_name,sex,year(getdate())-YEAR
        (birth_date),marriage_state from patient
```

消息
命令已成功完成。

图 4-100　设置派生列的视图

```
114
115   select * from patient_age where age>65   --可以查询
```

结果　消息

	patient_id	patient_name	sex	age	marriage_state
1	00003	张建新	女	68	NULL
2	00005	罗遥	男	87	NULL
3	00012	陈满	女	69	NULL
4	00030	朱笃	男	73	NULL
5	00034	胡子轩	男	66	已婚
6	00037	谭绍芸	女	72	已婚

图 4-101　设置派生列视图的查询

实现查询的 SQL 语句及执行结果返回消息如图 4-102 所示。

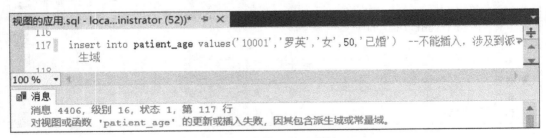

```
116
117   insert into patient_age values('10001','罗英','女',50,'已婚')   --不能插入,涉及到派
        生域
```

消息
消息 4406,级别 16,状态 1,第 117 行
对视图或函数 'patient_age' 的更新或插入失败,因其包含派生域或常量域。

图 4-102　含派生列视图的记录插入

示例:在视图 patient_age 中将患者 00001 的年龄改为 47。
实现查询的 SQL 语句及执行结果返回消息如图 4-103 所示。
示例:在视图 patient_age 中将患者 00001 的姓名改为潘。
实现查询的 SQL 语句及执行结果返回消息如图 4-104 所示。
示例:在视图 patient_age 中删除患者 00004。
实现查询的 SQL 语句及执行结果返回消息如图 4-105 所示。

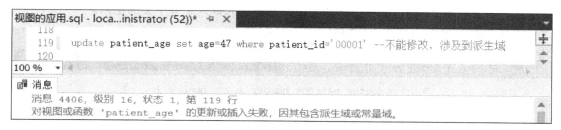

图 4-103 含派生列视图的记录修改 1

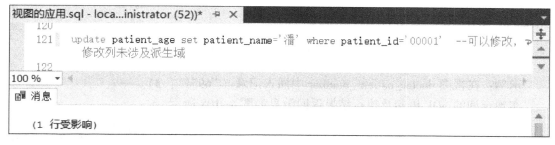

图 4-104 含派生列视图的记录修改 2

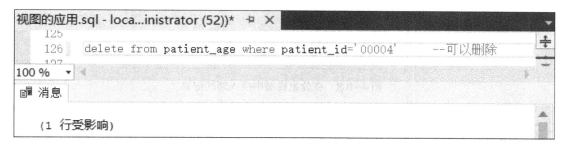

图 4-105 含派生列视图的记录删除

由上可知，设置了派生列的视图可以查询、删除记录，且可修改未涉及派生列的值，但记录的插入与涉及派生列的记录的修改可能受限。

（4）分组视图。

示例：将医师及其诊断过的患者总人数定义为一个视图。

实现查询的 SQL 语句及执行结果返回消息如图 4-106 所示。

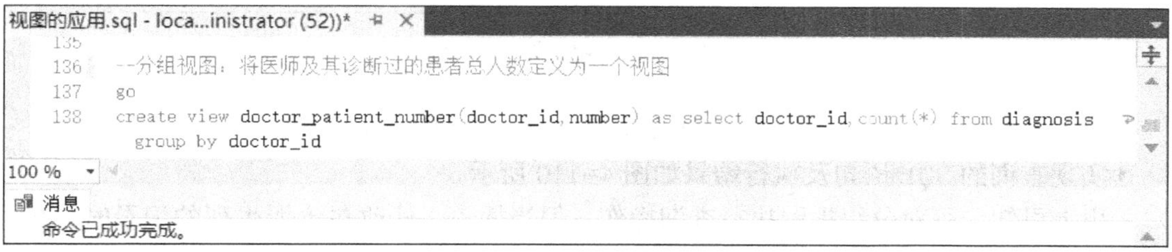

图 4-106 分组视图的定义

示例：在视图 doctor_patient_number 中查询患者人数大于等于 2 的记录。

实现查询的 SQL 语句及执行结果如图 4-107 所示。

视图的应用.sql - loca...inistrator (52))*
143 select * from doctor_patient_number where number>2 --可以
100 %
结果
消息
doctor_id number
1 4300 3
2 9951 3

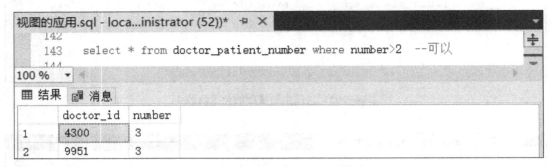

图 4-107　分组视图的查询

示例：在视图 doctor_patient_number 中插入记录（'6951'，3）。

实现查询的 SQL 语句及执行结果返回消息如图 4-108 所示。

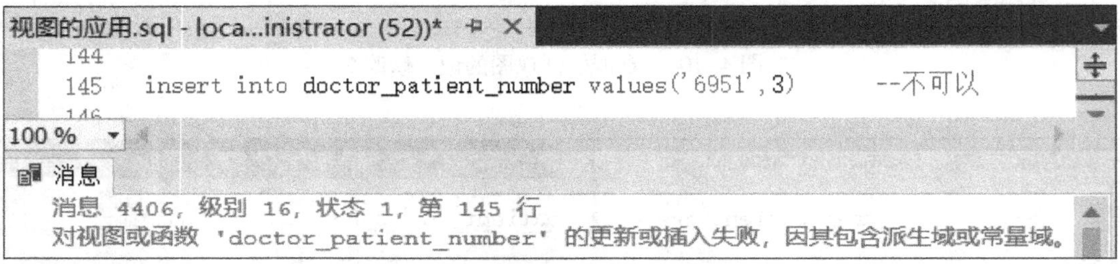

视图的应用.sql - loca...inistrator (52))*
145 insert into doctor_patient_number values('6951',3) --不可以
100 %
消息
消息 4406，级别 16，状态 1，第 145 行
对视图或函数 'doctor_patient_number' 的更新或插入失败，因其包含派生域或常量域。

图 4-108　在分组视图中插入新的记录

示例：在视图 doctor_patient_number 中将医师 0222 的患者人数改为 3。

实现查询的 SQL 语句及执行结果返回消息如图 4-109 所示。

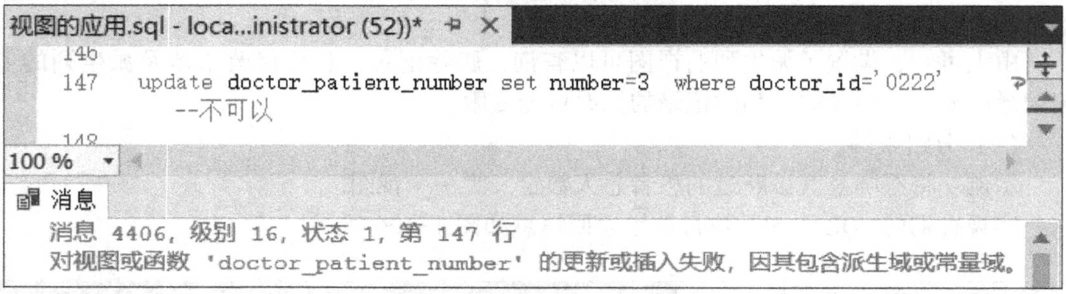

视图的应用.sql - loca...inistrator (52))*
147 update doctor_patient_number set number=3 where doctor_id='0222'
--不可以
100 %
消息
消息 4406，级别 16，状态 1，第 147 行
对视图或函数 'doctor_patient_number' 的更新或插入失败，因其包含派生域或常量域。

图 4-109　在分组视图中修改记录

示例：在视图 doctor_patient_number 中删除患者人数为 3 的记录。

实现查询的 SQL 语句及执行结果如图 4-110 所示。

由上可知，可对分组视图执行查询操作，但当插入、修改包含派生列的记录时，操作受限，且分组视图不允许删除记录。

通过不同类型视图的定义、查询与更新，可以了解到，在关系数据库中，并不是所有

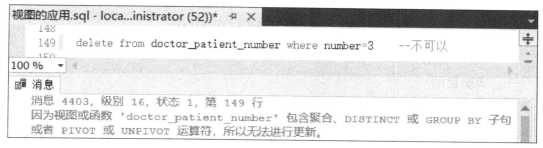

图 4-110　在分组视图中删除记录

的视图都允许更新的，当视图的更新可以唯一的、有意义的转换成对相应基本表的更新时，这种更新才可顺利进行。一般情况下，以下视图的更新受限：

1）若视图是由两个以上基本表导出的，则此视图更新受限；

2）若视图的字段来自字段表达式或常数，则不允许对此视图执行 INSERT 和 UPDATE 操作，但允许执行 DELETE 操作；

3）若视图的字段来自集函数，则此视图不允许更新；

4）若视图定义中含有 GROUP BY 子句，则此视图不允许更新；

5）若视图定义中含有 DISTINCT 短语，则此视图不允许更新；

6）若视图定义中有嵌套查询，并且内层查询的 FROM 子句中涉及的表也是导出该视图的基本表，则此视图不允许更新；

7）不允许更新的视图上定义的视图也不允许更新。

●视图的名称存储在视图所属数据库的系统视图 sysobjects 中，可通过以下 SQL 语句查询库中某视图是否存在：

　　select ＊ from sysobjects where name＝'doctor_主任医师 2'

●视图定义的信息添加到 INFORMATION_SCHEMA. VIEWS 表中，可通过以下 SQL 语句查询库中某视图，如 doctor_主任医师 2 的相关信息：

　　select ＊ from information_schma. views where table_name＝'doctor_主任医师 2'

问与答

既然视图的使用受到若干条件的限制，为什么还要使用视图？

答：尽管视图的更新受到一定的限制，但视图使用的同时又能带来一系列的好处，如简化用户的操作，使用户从多种角度看待同一数据，对重构数据库提供一定程度的逻辑独立性，对机密数据提供安全保护等，正是由于视图的这些优点，所以会在必要的场景使用视图。

实验八　存储过程的应用

一、实验目的

（1）了解存储过程的优点。

（2）掌握创建与执行存储过程的基本方法。

二、实验工具

Microsoft SQL Server 及其查询分析器。

三、实验学时数

2 学时。

四、实验内容和要求

（1）基于实验二、实验四创建的数据库、基本表，利用 T-SQL 设计并创建不带参数存储过程，带参数的存储过程，设置参数默认值、带流程控制、语句块、返回值的存储过程。

（2）利用 T-SQL、交互式界面两种方式执行、修改、删除存储过程。

五、实验报告

按附录 2 要求认真填写实验报告，记录实验案例。

六、相关知识点与示例

存储过程是 SQL 语句和可选控制流语句的预编译集合，以一个名称存储并作为一个单元处理。存储过程存储在数据库内，可由应用程序通过一个调用执行，而且允许用户声明变量、有条件执行以及其他强大的编程功能。存储过程可以包含程序流、逻辑以及对数据库的查询，可以接受输入参数、输出参数、返回单个或多个结果集及返回值。

可以出于任何使用 SQL 的目的来使用存储过程，其优点在于：可以在单个存储过程中执行一系列 SQL 语句；可以从自己的存储过程内引用其他存储过程，以简化一系列复杂语句；存储过程在创建时即在服务器上进行编译，执行起来比单个 SQL 语句快，且能减少网络通信负担；并且可起到实现代码重用及增强访问数据库对象安全性的作用。

存储过程分为两类：即系统提供的存储过程和用户自定义的存储过程。

（一）存储过程的创建与执行

（1）创建存储过程语法格式如下：

CREATE PROC［EDURE］procedure_name［;number］

[｛@ parameter data_type｝[= default][OUTPUT]][,…n]

AS sql_statement[…n][；]

说明：

1）procedure_name：新存储过程的名称。

2）；number：是可选的整数，用来对同名的过程分组，以便用一条 DROP PROCEDURE 语句即可将同级的过程一起除去。如某应用程序使用的存储过程可以命名为 proc；1、proc；2 等。DROP PROCEDURE proc 语句将除去整个组。

3）@ parameter：过程中的参数，可以声明一个或多个，用户必须在执行过程时提供每个所声明参数的值。

4）data_type：参数的数据类型。

5）default：参数的默认值。如果定义了默认值，不必指定该参数的值即可执行过程。默认值必须是常量或 NULL。

6）OUTPUT：表明参数是返回参数。该选项的值可以返回给 EXEC［UTE］。使用 OUTPUT 参数可将信息返回给调用过程。

7）sql_statement：过程中要包含的任意数目和类型的 T-SQL 语句。但有一些限制。

（2）执行存储过程语法格式如下：

[[EXEC[UTE]]

｛｛procedure_name[；number]｝

[[@ parameter =]｛value|@ variable[OUTPUT]|[DEFAULT]][,…n][；]

说明：

1）procedure_name：调用的存储过程名称。

2）；number：可选的整数，用于将相同名称的过程进行组合，使得它们可以用一句 DROP PROCEDURE 语句除去。

3）@ parameter：过程参数，在 CREATE PROCDEURE 语句定义。参数名称前必须加上符号"@"。

4）value：过程中参数的值。

5）@ variable：用来保存参数或者返回参数的变量。

6）OUTPUT：指定存储过程必须返回一个参数。该存储过程的匹配参数也必须由关键字 OUTPUT 创建。使用游标变量作参数时使用该关键字。

7）DEFAULT：根据过程的定义，提供参数的默认值。

示例：以创建简单的不带参数的存储过程为例，求到目前为止各科室所接待的病人数量。

创建该存储过程的 SQL 语句及执行结果消息提示如图 4-111 所示。

执行该存储过程的 SQL 语句及执行结果如图 4-112 所示。

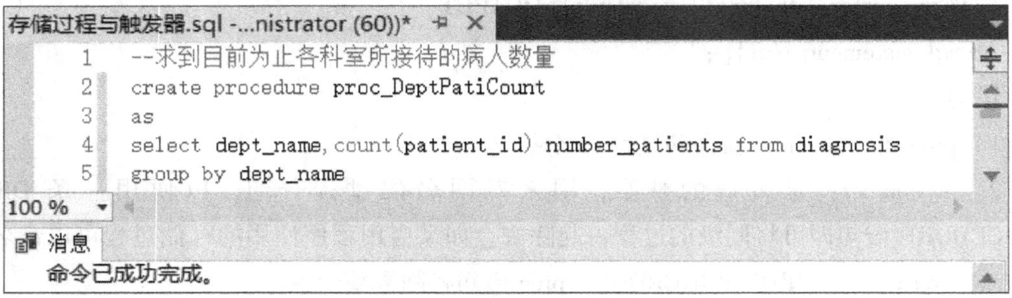

图 4-111 不带参数的存储过程的创建

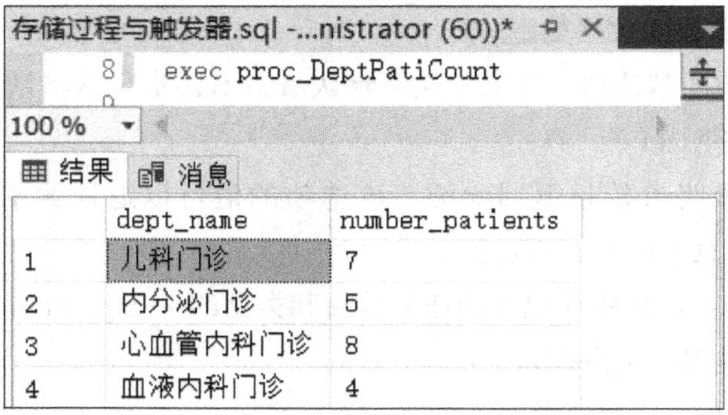

图 4-112 无参数存储过程的执行

小 贴 士

如何在 SSMS 中查看存储过程 proc_DeptPatiCount 是否已建立？

解决方法一：依次单击对象资源管理器窗口中的"服务器→数据库→正使用的数据库 HISDB→可编程性→存储过程"，即可找到刚建立的存储过程 proc_DeptPatiCount。

解决方法二：通过系统存储过程 sp_help 查询是否建立，如图 4-113 所示。

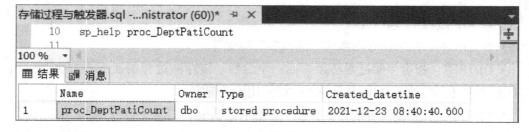

图 4-113 存储过程的查看

示例：求某天各科室所接待的病人数量，要求用带参数的存储过程完成。

创建该存储过程的 SQL 语句及执行结果消息提示如图 4-114 所示，执行该存储过程的 SQL 语句及执行结果消息提示如图 4-115 所示。

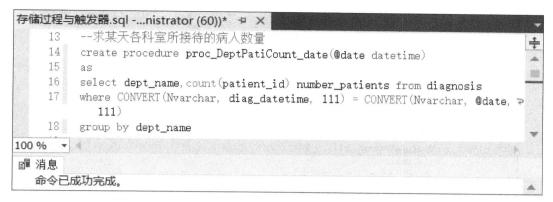

图 4-114　带参数的存储过程的创建

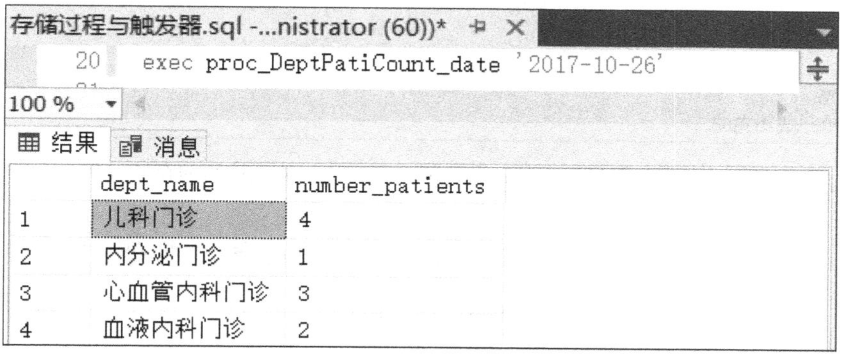

图 4-115　带参数存储过程的执行

示例：求某天各科室所接待的病人数量，但要求用带参数、默认值、语句块、流程控制的存储过程实现。

创建该存储过程的 SQL 语句及执行结果消息提示如图 4-116 所示，执行该存储过程的 SQL 语句及执行结果消息提示如图 4-117 所示。

（二）存储过程的返回值

存储过程在执行后都会返回一个整型值。如果执行成功，则返回 0；否则返回-1～-99 之间的数值。也可以使用 RETURN 语句来指定一个返回值。

示例：求医院主任医师的总人数，要求结果以返回值的形式返回。

创建该存储过程的 SQL 语句及执行结果消息提示如图 4-118 所示，执行该存储过程的 SQL 语句及执行结果消息提示如图 4-119 所示。

（三）存储过程的查看、修改与删除

查看存储过程的语法格式如下：

EXEC［UTE］sp_helptext procedure_name［；］

示例：查看存储过程 proc_DeptPatiCount_date 的定义。

查看该存储过程定义的 SQL 语句及执行结果如图 4-120 所示。

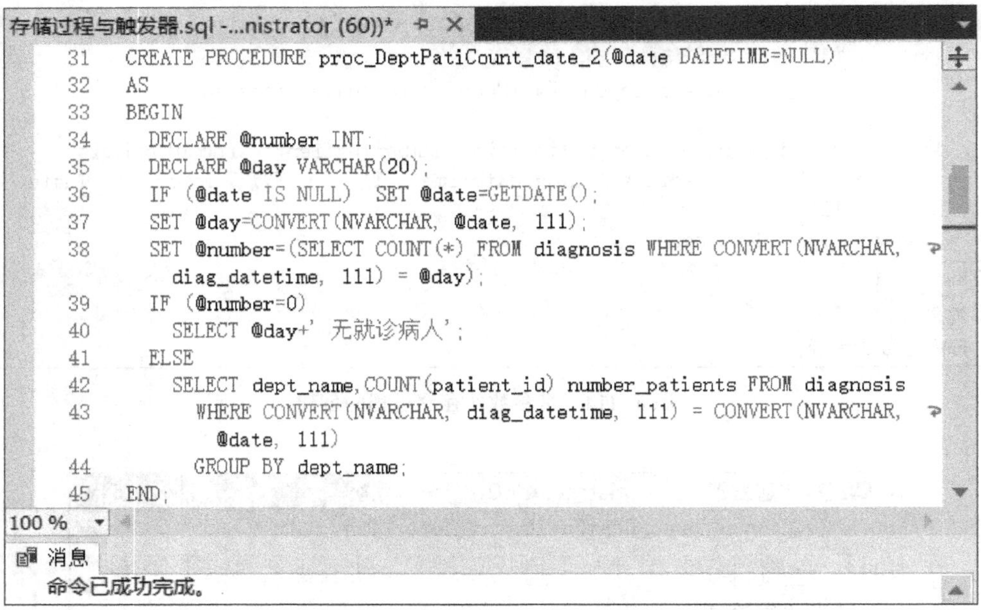

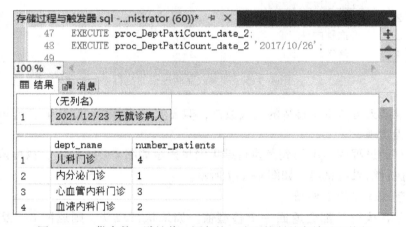

图 4-116　创建带参数、默认值、语句块、流程控制的存储过程

图 4-117　带参数、默认值、语句块、流程控制的存储过程执行

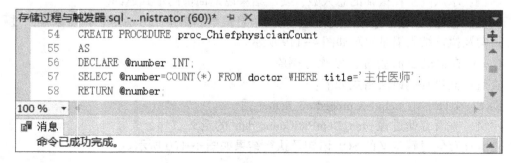

图 4-118　求医院主任医师的总人数

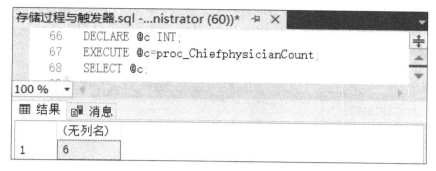

图 4-119　带返回值的存储过程的执行

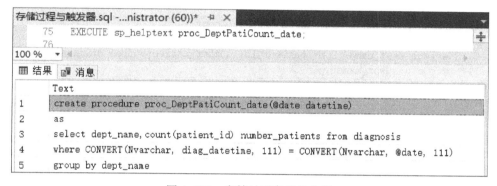

图 4-120　存储过程定义的查看

需要修改存储过程的定义时，有两种方法。

方法一：将建立存储过程中的关键词 CREATE 改成 ALTER，并对相关内容进行修改即可。

方法二：首先在服务器树状目录中找到要修改的存储过程（数据库下的"可编程性→存储过程"），在该存储过程右键菜单中选择"修改"，如图 4-121 所示，待修改的存储过

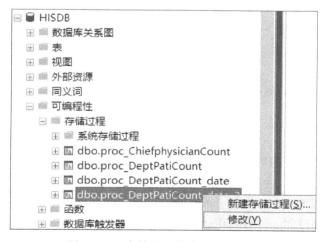

图 4-121　存储过程修改的右键菜单

程定义会自动出现在新打开的 SQL 查询窗口中，直接在该窗口中对存储过程的定义进行修改并保存即可。以存储过程 proc_DeptPatiCount 为例，弹出的窗口如图 4-122 所示，在该窗口中完成修改并保存即可。

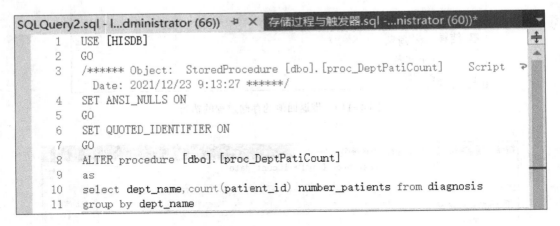

图 4-122　存储过程的修改

如何修改存储过程的名称？

解决方法一：连续两次单击待修改存储过程的名称，进入编辑状态，修改存储过程名称即可。

解决方法二：利用系统存储过程 sp_rename 改名。如将存储过程 proc_ChiefphysicianCount 改名为 proc_CHCount，如图 4-123 所示。

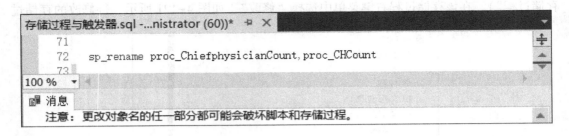

图 4-123　存储过程的改名

当存储过程无用时，即可删除。删除存储过程既可以通过存储过程的右键菜单删除，也可以通过 T-SQL 删除，后者的语法格式如下：

DROP PROCEDURE procedure_name[;]

示例：删除存储过程 proc_DeptPatiCount_date_2。

执行删除该存储过程的 SQL 语句及执行结果如图 4-124 所示。

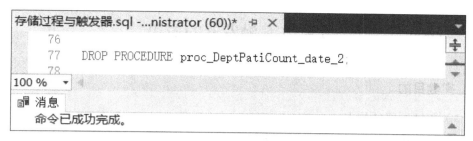

图 4-124 存储过程的删除

? 问与答

系统存储过程 sp_help 与 sp_helptext 的区别？

答：sp_help 输出的是系统库对象的摘要信息，以存储过程为例，输出存储过程名称、所有者、创建时间等。sp_helptext 的作用是显示规则、默认值、未加密的存储过程、用户定义函数、触发器或视图的文本，如以存储过程为例，输出的是存储过程的文本定义信息。

? 思考

什么情况下可考虑使用存储过程？

实验九　触发器的应用

一、实验目的

（1）了解触发器的特点。
（2）掌握创建与执行触发器的基本方法。

二、实验工具

Microsoft SQL Server 及其查询分析器。

三、实验学时数

2 学时。

四、实验内容和要求

（1）基于实验二、实验四创建的数据库、基本表，利用 T-SQL、对象资源管理器两种方式设计并创建触发器。
（2）利用 T-SQL、对象资源管理器两种方式对相关表进行更新操作，验证触发器。
（3）利用 T-SQL、对象资源管理器两种方式修改、删除触发器。

五、实验报告

按附录 2 要求认真填写实验报告，记录实验案例。

六、相关知识点与示例

（一）触发器的定义与特点

触发器是一种特殊类型的存储过程，主要是通过事件触发而被执行，而存储过程可以通过存储过程名称而被直接调用。

触发器在指定表中的数据发生变化时自动生效，唤醒并调用触发器以响应 INSERT、UPDATE 或 DELETE 语句。触发器也对应分为 INSERT、UPDATE 和 DELETE 三种类型。触发器可以查询其他表，并可以包含复杂的 T-SQL 语句。

触发器的优点在于：触发器是一个功能强大的工具，可以实施复杂数据库完整性约束。可以通过数据库中的相关表实现级联更改（当然，通过级联引用完整性约束可以更有效地执行这些更改）；可以使用比 CHECK 约束更为复杂的约束，与 CHECK 约束不同，触发器可以引用其他表中的列；可以评估数据修改前后的表状态，并根据差异采取对策；一个表中的多个同类触发器（INSERT、UPDATE 或 DELETE）允许采取多个不同的对策以响应同一个修改语句；确保数据规范化，使用触发器可以维护非正规化数据库环境中的记录级数据的完整性。

（二）触发器的建立

1. 使用 T-SQL 创建或修改触发器

语法格式如下：

CREATE[OR ALTER] TRIGGER trigger_name

ON {table_name | view_name}

{

{{FOR | AFTER | INSTEAD OF} {[INSERT][,][UPDATE][,][DELETE]}

AS

[{IF UPDATE(COLUMN)

[(AND|OR) UPDATE(COLUMN)]

[…N]

|IF (COLUMNS_UPDATED(){bitwise_operrator} updated_bitmask)

{comparison_operator} column_bitmask[…n]

}]

　　　sql_statement[…n]

}

}

说明：

（1）trigger_name：触发器名称。

（2）table_name | view_name：定义在表或视图上，即在其上执行触发器的表或视图，有时称为触发器表或触发器视图。

（3）FOR：指定触发器在执行 SQL 语句时触发。

（4）AFTER：指定触发器只有在触发 SQL 语句中指定的所有操作都已成功执行后才激发。所有的引用级联操作和约束检查也必须成功完成后，才能执行此触发器。如果仅指定 FOR 关键字，则 AFTER 是默认设置。不能在视图上定义 AFTER 触发器。

（5）INSTEAD OF：指定执行触发器而不是执行触发 SQL 语句，从而替代触发语句的操作。

（6）{[INSERT] [,] [UPDATE] [,] [DELETE]}：指定在表或视图上执行哪些数据修改语句时将激活触发器的关键字。

（7）AS：触发器要执行的操作。

（8）sql_statement：触发器的条件和操作。

（9）IF 子句说明了触发器条件中的列值被修改时，才触发触发器。判断列是否被修改有两种办法：

1）方法一：

UPDATE（COLUMN）

参数为表或者视图中的列名称，说明这一列的数据是否被 INSERT 或者 UPDATE 操作修改过。如果修改过，则返回 TRUE；否则返回 FALSE。

2）方法二：

（COLUMNS_UPDATED() {bitwise_operator} updated_bitmask）

{comparison_operator} column_bitmask[…n]

COLUMNS_UPDATED（）检测指定列是否被 INSERT 或者 UPDATE 操作修改过。它返回 varbinary 位模式，表示插入或更新了表中的哪些列。

COLUMNS_UPDATED（）函数以从左到右的顺序返回位，最左边的为最不重要的位。最左边的位表示表中的第一列；向右的下一位表示第二列，依此类推。如果在表上创建的触发器包含 8 列以上，则 COLUMNS_UPDATED 返回多个字节，最左边的为最不重要的字节。在 INSERT 操作中 COLUMNS_UPDATED 将对所有列返回 TRUE 值，因为这些列插入了显式值或隐式（NULL）值。其后的几个选项的含义为：

①bitwise_operator：用于比较运算的位运算符。

②updated_bitmask：整型位掩码，表示实际更新或插入的列。例如，表 t1 包含列 C1、C2、C3、C4 和 C5。假定表 t1 上有 UPDATE 触发器，若要检查列 C2、C3 和 C4 是否都有更新，指定值 14（对应二进制数为 01110）；若要检查是否只有列 C2 有更新，指定值为 2（对应二进制数为 00010）。

③comparison_operator：比较运算符。使用等号（=）检查 column_bitmask 中指定的所有列是否都实际进行了更新。使用大于号（>）检查 column_bitmask 中指定的任一列或某些列是否已更新。

④column_bitmask：检查的列的整型位掩码，用来检查是否已更新或插入了这些列。

示例：创建一个触发器，在更新表 doctor 中的记录时，自动显示该表中的内容。

创建该触发器的 SQL 语句及执行结果消息提示如图 4-125 所示，验证该触发器的 SQL 语句及执行结果如图 4-126 所示。

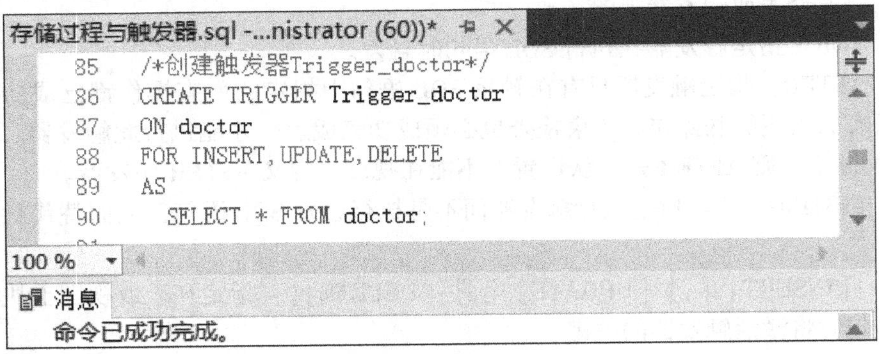

图 4-125　创建触发器

触发器的修改与触发器的创建很相似，只需要将 CREATE 关键词改为 ALTER，修改完成后单击工具栏的"执行"按钮 ▶ 执行(X) 即可。

2. 使用对象资源管理器创建或修改触发器

在对象资源管理器窗口中依次展开触发器所在的"服务器→数据库→选择要创建触发器的数据库→表"，然后展开要在其创建触发器的表，在"触发器"选项上右击鼠标，执行"新建触发器"选项，在出现的选项卡如图 4-127 中编辑要创建触发器的 T-SQL 语句，编辑完成后，单击工具栏上的执行按钮即可检查语法是否正确。

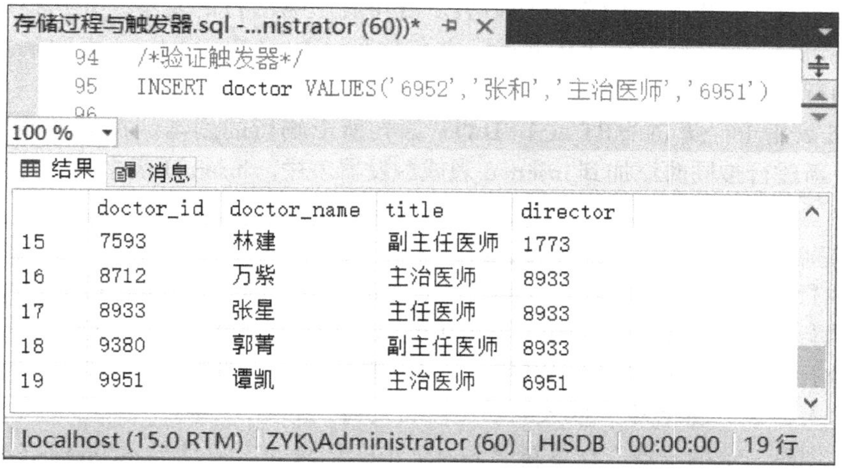

图 4-126 验证触发器

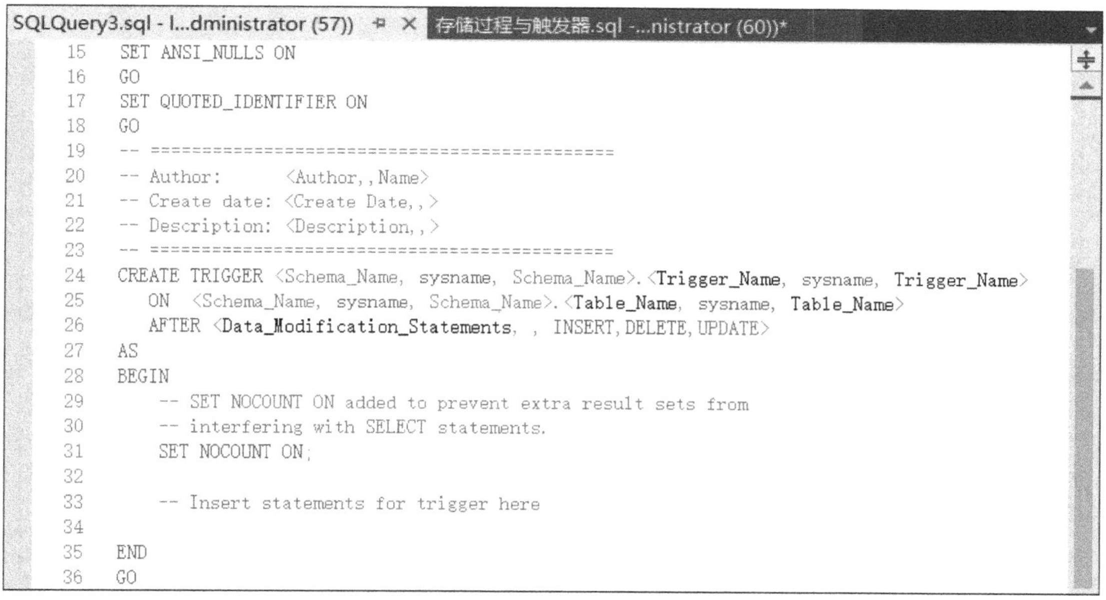

图 4-127 使用对象资源管理器建立触发器

修改触发器只需要在 SSMS 对象资源管理器的树状目录中找到要修改的触发器，右键该触发器，选择"修改"选项，即可进入触发器编辑模式，修改完成后单击工具栏的"执行"按钮 ▷ 执行(X) 即可。

3. 插入表与删除表

在触发器执行的时候，会产生两个临时表：inserted 表和 deleted 表。它们的结构与触发器所属的表结构相同，由 SQL Server 自动创建和管理。可以使用这两个临时性驻留内存的表测试某些数据修改的效果、设置触发器操作的条件，但不能直接对表中的数据进行更新。

deleted 表用于存储 DELETE 和 UPDATE 语句所影响的行的复本。在执行 DELETE 和 UPDATE 语句时，行从触发器表中删除，并传输到 deleted 表。deleted 表和触发器表通常没有相同的行。

inserted 表用于存储 INSERT 或 UPDATE 语句所影响行的副本。在一个插入或更新事务处理中，新建行被同时添加到 inserted 表或触发器表中。inserted 表中的行是触发器表中新行的副本。

在对具有触发器的表进行操作时，其操作过程如下：

（1）执行 INSERT 操作：插入到触发器表中的新行被插入到 inserted 表中。

（2）执行 DELETE 操作：从触发器表中删除的行被插入到 deleted 表中。

（3）执行 UPDATE 操作：先从触发器表中删除旧行，然后再插入新行。其中被删除的旧行被插入到 deleted 表中，插入的新行被插入到 inserted 表中。

示例：创建一个触发器，在更新表 doctor 中的记录时，自动显示 inserted 表和 deleted 表中的内容。

创建该触发器的 SQL 语句及执行结果消息提示如图 4-128 所示，验证该触发器的 SQL 语句及执行结果如图 4-129 所示。

```
存储过程与触发器.sql -...nistrator (60))*

97    /*创建一个触发器，在更新表doctor中的记录时，自动显示inserted表和deleted表中的
      内容*/
98    --如果触发器Trigger_doctor存在，则删除
99    IF EXISTS (SELECT name FROM sysobjects WHERE name='Trigger_doctor_ID' AND
      TYPE='TR')
100       DROP TRIGGER Trigger_doctor;
101   GO
102   --创建触发器Trigger_doctor
103   CREATE TRIGGER Trigger_doctor_ID
104   ON doctor
105   FOR INSERT, UPDATE, DELETE
106   AS
107       SELECT * FROM inserted;
108       SELECT * FROM deleted;
```

```
100 %

消息
命令已成功完成。
```

图 4-128　创建触发器并查验 inserted 表和 deleted 表

图 4-129 中，第一张表是因为上一个示例建立的触发器 Trigger_doctor 的存在，自动地显示 doctor 表中的内容，第二张表显示的是 inserted 表的内容，后面显示的是 deleted 表的内容。

4. 触发器的使用

在 SQL Server 中，除了 INSERT、UPDATE 和 DELETE 三种触发器外，还提供了 INSTEAD OF INSERT、INSTEAD OF UPDATE 和 INSTEAD OF DELETE 触发器。本书仅介绍前三种触发器。

（1）INSERT 和 UPDATE 触发器。当向表中插入或者更新记录时，INSERT 或者

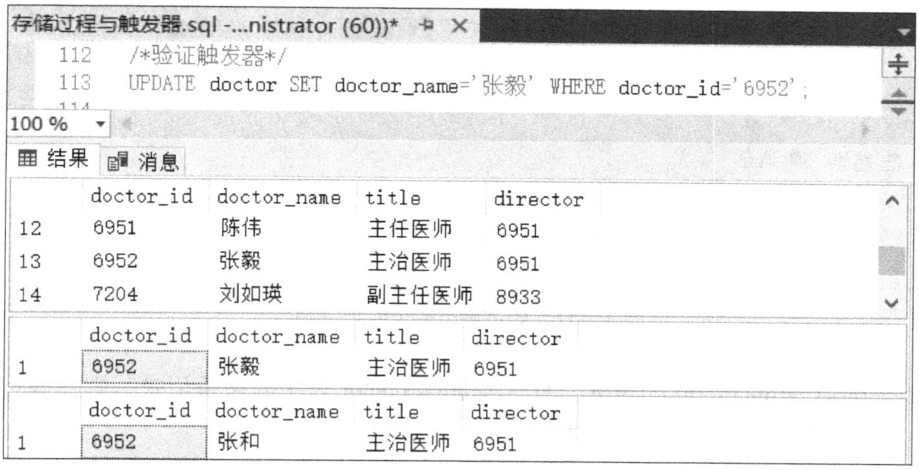

图 4-129 验证触发器执行时 inserted 表和 deleted 表的变化

UPDATE 触发器被执行。一般情况下，这两种触发器常用来检查插入或者修改后的数据是否满足要求。

示例：创建 Check_doctor 触发器，用来检查插入记录的职称是否是主治医师、副主任医师、主任医师中的一个。

创建该触发器的 SQL 语句及执行结果消息提示如图 4-130 所示，验证该触发器的 SQL 语句及执行结果消息提示如图 4-131 所示。

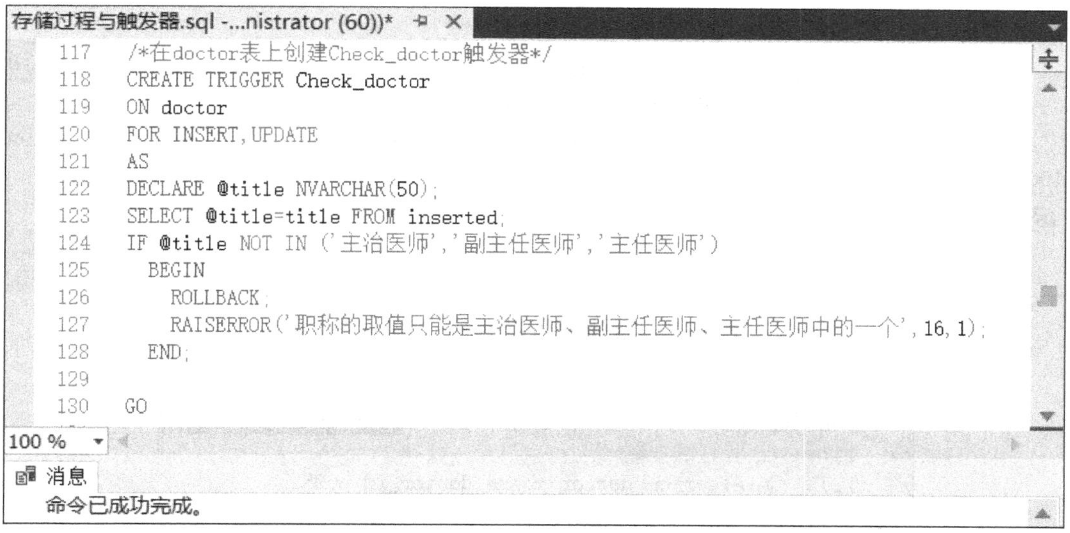

```
117    /*在doctor表上创建Check_doctor触发器*/
118    CREATE TRIGGER Check_doctor
119    ON doctor
120    FOR INSERT,UPDATE
121    AS
122    DECLARE @title NVARCHAR(50);
123    SELECT @title=title FROM inserted;
124    IF @title NOT IN ('主治医师','副主任医师','主任医师')
125      BEGIN
126        ROLLBACK;
127        RAISERROR('职称的取值只能是主治医师、副主任医师、主任医师中的一个',16,1);
128      END;
129
130    GO
```

消息
命令已成功完成。

图 4-130 创建触发器 Check_doctor

同样，在更新记录时，如果修改后的数据不满足要求，也会提示上述错误信息。

（2）DELETE 触发器。DELETE 触发器常用于防止那些确实要删除，但是可能会引起数据一致性问题的情况，一般用于定义存在外键引用情况下记录的删除。

示例：doctor 表包含医师的标识号等基本信息，diagnosis 表中包含了病人的诊疗信息，

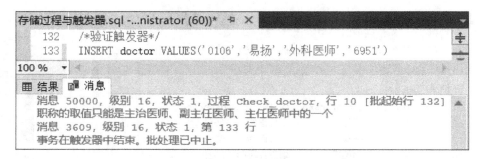

图 4-131　验证触发器 Check_doctor

两表以医生标识号 doctor_id 相关联。如果要删除 doctor 表中的某条记录，则与该记录对应的 diagnosis 表中的诊疗记录也应该删除。

在 diagnosis 表中插入一条记录并创建该触发器的 SQL 语句及执行结果消息提示如图 4-132 所示，验证该触发器的 SQL 语句及执行结果消息提示如图 4-133 所示。

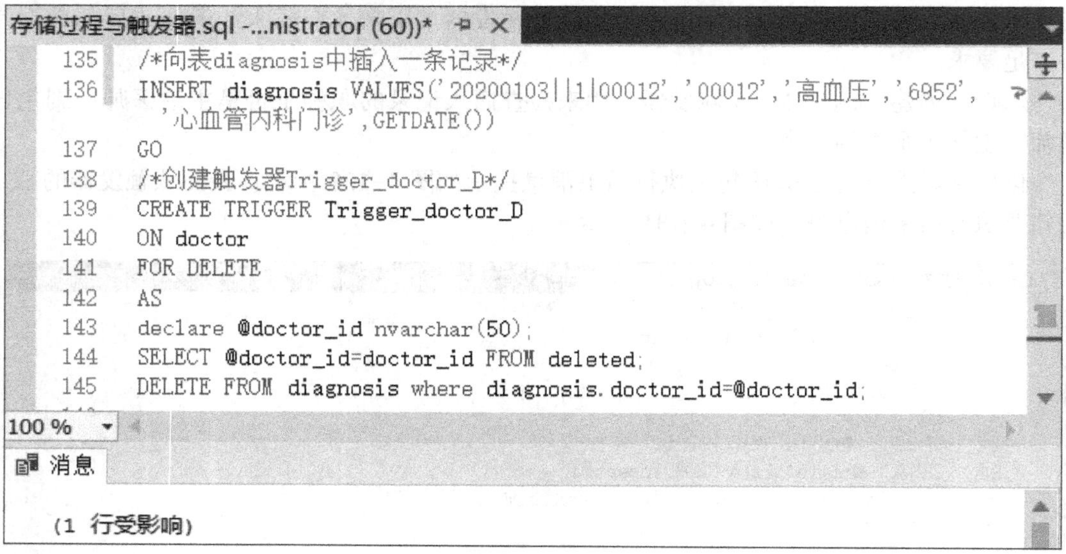

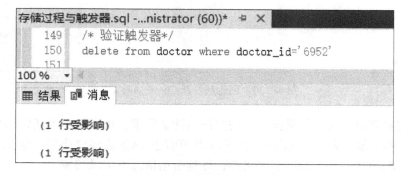

图 4-132　创建触发器 Trigger_doctor_D

图 4-133　验证触发器 Trigger_doctor_D

注意：在验证约束前需取消 diagnosis 表中外键 doctor_id 上的外键约束，否则会出现如图 4-134 所示的外键约束提示。

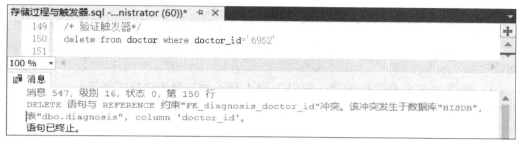

图 4-134 外键约束导致的删除提示

小 贴 士

如何关闭外键约束？

解决方法：依次选择"服务器→数据库→HISDB→dbo. diagnosis→右键 diagnosis 表→设计"，会弹出 diagnosis 表的字段设计窗口与对应的工具条，在工具条中选择 "关系"图标，弹出外键关系对话框，如图 4-135 所示，在该窗口中选中外键关系 "FK_diagnosis_doctor"，并将强制外键约束选项置为"否"，再选择"关闭"按钮即可。验证完成后，要记得恢复外键约束！

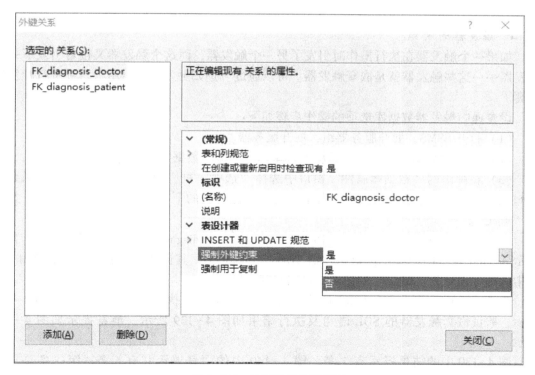

图 4-135 关闭强制外键约束

5. 触发器的删除

（1）使用 SSMS 删除触发器。

示例：删除触发器 Trigger_doctor_D。

在对象资源管理器中依次选择"服务器→数据库→HISDB→dbo. doctor→触发器"，右键"Trigger_doctor_D"表选择"删除"，在弹出的"删除对象"窗口中直接点击"确定"即可。

（2）使用 T-SQL 删除触发器。使用 T-SQL 删除触发器语法格式如下：

DROP TRIGGER {trigger}[,…n][;]

说明：

1）trigger：要删除的触发器的名称。

2）n：表示可以指定多个触发器的占位符。

示例：删除触发器 Trigger_doctor_D。

删除该触发器的 SQL 语句及执行结果消息提示如图 4-136 所示。

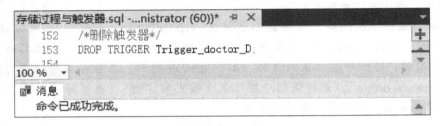

图 4-136　删除触发器 Trigger_doctor_D

6. 触发器的嵌套

如果一个触发器在执行操作时引发了另一个触发器，而这个触发器又接着引发下一个触发器……这些触发器就是嵌套触发器。可以通过"递归触发器已启用"选项进行触发器嵌套。

设置递归触发器数据库选项的操作步骤如下：

（1）打开 SSMS，展开服务器组，展开服务器。

（2）展开"数据库"分支，鼠标右键单击要更改的数据库，单击"属性"选项。

（3）在弹出的"数据库属性"窗口中选择"选项"页，如图 4-137 所示。如果允许递归触发器，则在"递归触发器已启用"选项右侧对应的下拉列表中选择"True"，并点击"确定"。

示例：为表 diagnosis 定义一个 DELETE 触发器，当 diagnosis 表中有记录删除时，自动显示 deleted 表中的内容；保留触发器 Trigger_doctor_D，其他触发器删除；再删除 doctor 表中医师标识号为"6952"的记录，检测嵌套触发器。

为表 diagnosis 定义一个 DELETE 触发器的 SQL 语句及执行结果提示信息如图 4-138 所示，验证嵌套触发器的 SQL 语句及执行结果如图 4-139 所示，消息提示如图 4-140 所示。

图 4-139 中的结果提示有 1 条，图 4-140 中的消息提示共有 5 条，第一条是在表 doctor 中插入一条记录的提示信息，第二条是在表 diagnosis 中插入一条记录的提示信息，第

三条是在表 doctor 中删除一条记录的提示信息，删除记录的同时触发 Trigger_doctor_D 触发器，执行该触发器，在表 diagnosis 删除对应的医生标识号为"6952"的记录，对应的给出第四条记录信息，因为在表 diagnosis 删除记录的操作又引发触发器 Trigger_diagnosis 的执行，显示删除表 deleted 表中的信息，因为删除的是一条记录，给出的也是"1 行受影响"的提示，即第 5 条消息提示。

在这个示例中，触发器 Trigger_diagnosis 的执行就因为 Trigger_doctor_D 触发器的执行触发的，所以是嵌套触发。

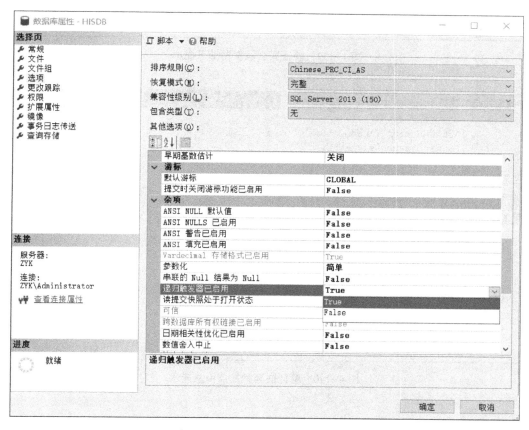

图 4-137　"数据库属性"窗口

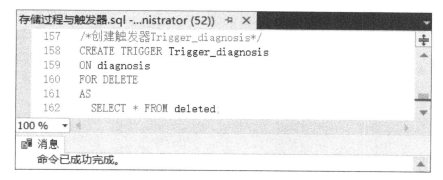

图 4-138　创建 DELETE 触发器

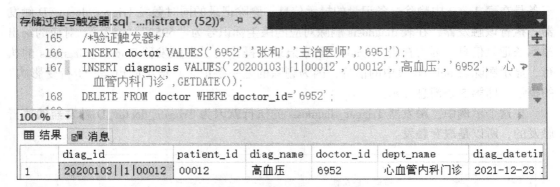

图 4-139　验证嵌套触发器结果提示

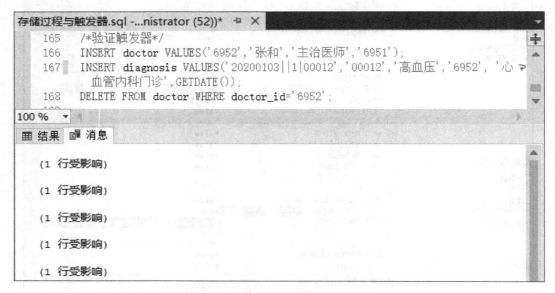

图 4-140　验证嵌套触发器消息提示

思考

什么情况下可考虑使用触发器？

实验十　数据库安全管理

一、实验目的

了解 SQL Server 的身份验证模式与登录，掌握数据库用户的建立及其存取控制机制。

二、实验工具

Microsoft SQL Server 及其查询分析器。

三、实验学时数

2 学时。

四、实验内容和要求

（1）了解 SQL Server 的两种身份验证模式，要求以混合身份验证模式创建登录名、用户名，并实现用户存取权限的控制与验证。

（2）授权要求至少完成：对单表查询权限的授予、对单表更新权限的授予、对建表权限的授予。

（3）权限的验证需要用户以对应的登录名重新登录服务器，权限验证要求逐级递进，纯粹的登录名登录验证、查询权限验证、更新权限验证、建表等权限的验证等；对应的权限回收后，也应验证回收结果。

五、实验报告

按附录 2 要求认真填写实验报告，记录实验案例。

六、相关知识点与示例

连接到 SQL Server 实例的时候，数据库引擎会执行两步有效性验证过程：一是检查是否提供了有效的、具备连接到 SQL Server 的登录名；二是检查登录名是否具备连接数据库的访问许可。也就是说，要想访问 SQL Server 数据库，首先必须拥有一个可以登录到 SQL Server 服务器的合法账户，其次是该账户具有访问特定数据库的权限。

（一）身份验证模式

SQL Server 有两种身份验证模式，一种是 Windwos 身份验证模式，另一种是混合身份验证模式。

（1）Windwos 身份验证模式。Windwos 身份验证模式依赖 Windows 操作系统来提供登录安全性保证。当登录到 Windows 时，用户账户身份被验证。SQL Server 只检验用户是否通过 Windwos 身份验证，并根据身份验证结果来判断是否允许访问。其优点是充分利用操作系统的安全功能，包括安全验证、密码加密、审核、密码过期、最小密码长度等机制。

（2）混合身份验证模式。混合身份验证模式是使用 SQL Server 中的账户来登录数据库服务器。而这些账户与 Windows 操作系统无关。这种模式适用于不属于自己操作系统环境的用户或所用操作系统与 Windows 安全体系不兼容的用户访问数据库的情况。

（3）设置身份验证模式的方法。在"服务器属性"对话框中，选择"安全性"选项卡，根据需要选择其中一种身份验证模式即可。

示例：将 SQL Server 身份验证模式设置为混合身份验证模式。

实现该示例的 SSMS 操作界面选项如图 4-141 所示，点击"确定"按钮，并重启服务器即可。

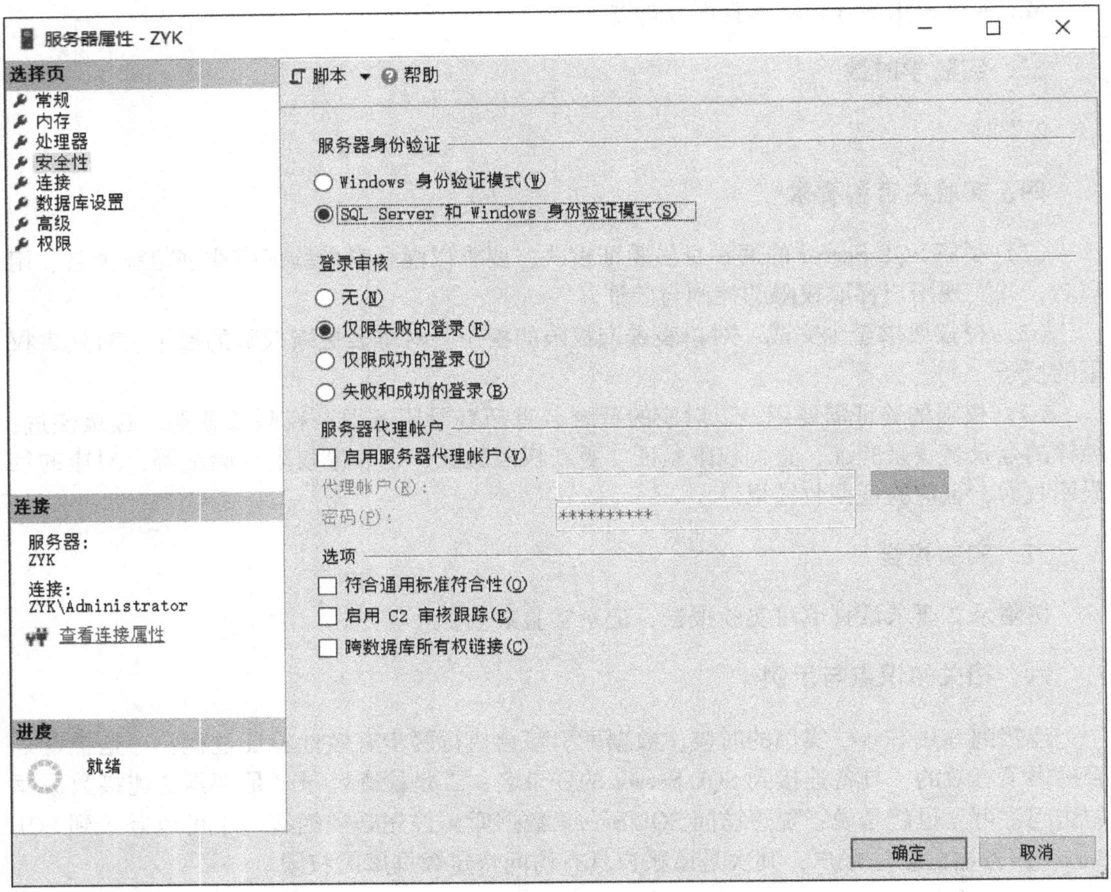

图 4-141　设置混合身份验证模式

（二）授权登录

当一个用户要访问 SQL Server 实例的时候，DBA 必须为其提供有效的身份验证信息，即登录名。可以对 Windows 用户基于 Windows 身份验证模式授权登录，对 SQL Server 登录名可以基于混合身份验证模式授权登录。以后者为例说明如下：

在混合身份验证模式下，需要创建并管理 SQL Server 登录名。创建登录名的语法格式如下：

● 如何重启 SQL Server 服务器？

解决方法 1：点击屏幕左下角图标"Windows→Microsoft SQL Server 2019→SQL Server 2019 配置管理器→SQL Server 服务"，右键"SQL Server（MSSQLSERVER）"后重启。

解决方法 2：右键桌面图标"此电脑→管理→服务和应用程序→服务"，右键"SQL Server 代理（MSSQLSERVER）"后重新启动。

解决方法 3：SSMS 中右键服务器，选择"重新启动"并确认即可。

● sa 无法登录，提示执行 T-SQL 语句或批处理时发生了异常，无法启用密码为空的登录名，怎么办？

解决方法：以 Windows 身份验证模式登录后，依次点击"服务器→安全性→登录名→sa→属性"，右键属性选项，打开"登录属性-sa"窗口，在该窗口中选择"常规"页，修改 sa 的密码为 123 或其他非空密码，并确定。再重新打开 sa 属性窗口，将 sa 的密码修改为空密码，确定并重新采用 sa 连接服务器即可。

CREATE LOGIN 登录名 WITH PASSWORD = '密码'，DEFAULT_DATABASE = 数据库名[；]

其默认访问的数据库是系统数据库 master。

在创建用户之前，以管理员（Windows 身份验证模式中的 Administrator 或 SQL Server 身份验证模式下的 sa）身份登录，并在创建的当前管理员连接中"新建查询"，保存文件（文件名称为"用户权限设置.sql"）。

示例：建立登录名 doctor。

实现该示例的 SQL 语句及查询结果提示信息如图 4-142 所示。

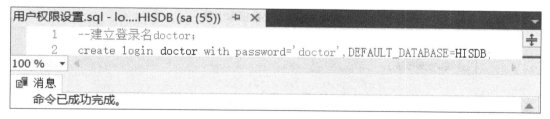

图 4-142　建立登录名

如何获取 SQL Server 登录名信息或者查验建立的登录名是否存在？

解决方法 1：输入 SQL 语句：SELECT * FROM SYS.SQL_LOGINS[；]

解决方法 2：展开 SSMS 中服务器下的目录"安全性"，刷新"登录名"目录，即可看到新建立的登录名。

两种方法的查看结果如图 4-143 所示。

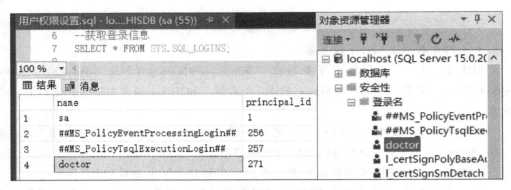

图 4-143　查验建立的登录名是否存在

（三）登录验证

登录名建立之后，即可用此登录名登录服务器。单击"对象资源管理器"工具栏上的 █ 图标；或者依次单击工具栏上的"连接→数据库引擎"，如图 4-144 所示；或者直接右键服务器，点击"连接"命令，在弹出的"连接到服务器"窗口中，输入新建立的登录名 doctor 及其密码，并"连接"，即可登录到服务器，如图 4-145 所示。连接成功后，会在"对象资源管理器"树状目录中出现以"doctor"登录名建立的连接，如图 4-146 所示，为方便起见，该连接简称"doctor 连接"。

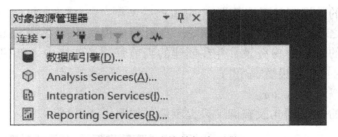

图 4-144　连接数据库引擎

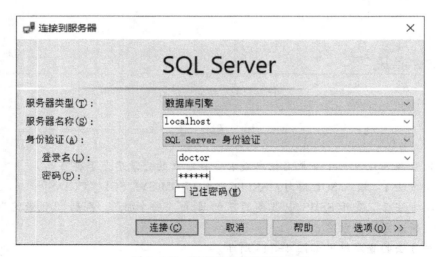

图 4-145　利用登录名登录服务器

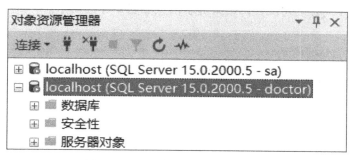

图 4-146 新建立的"doctor 连接"

为什么我建立的登录名无法顺利登录服务器，出现如图 4-147 所示出错提示信息？

原因：采用登录名登录 SQL Server 后，在访问各个数据库时，SQL Server 会自动查询此数据库中是否存在与此登录名关联的用户名，若存在，则使用此用户的权限访问此数据库，若不存在就是用 guest 用户（guest 用户是一个您能加入到数据库并允许具有有效 SQL Server 登录的任何人访问数据库的一个特殊用户）访问此数据库。在 SQL Server 2005 及以上版本中 guest 用户已经默认存在于每个数据库中，但默认情况下或系统使用过程中，可能会禁用了该用户，此时如果采用没有映射用户名的登录名登录，则会出现如图 4-147 所示的错误提示。

解决方法：在当前数据库是默认连接数据库的前提下，通过语句"GRANT CONNECT TO GUEST;"启用 GUEST，再连接数据库引擎即可完成登录。

选中新建立的 doctor 连接，此时由于未在 HISDB 及其他用户服务库下建立对应的用户，即使在连接下的 HISDB 数据库中可展开"表"分支，但看不到 patient 等基本表及视图等对象，更不能使用它们。

选中 doctor 连接，单击工具栏的"新建查询"命令，打开查询窗口，并保存文件（文件名称为"用户权限验证.sql"）。在数据库下拉列表中选中"HISDB"，在查询窗口中查验该登录是否可查询用户数据库中的数据。

图 4-147 4064 错误登录提示

示例：以登录 doctor 的身份无条件查询诊断表的信息。

实现该示例的 SQL 语句及查询结果提示消息如图 4-148 所示。

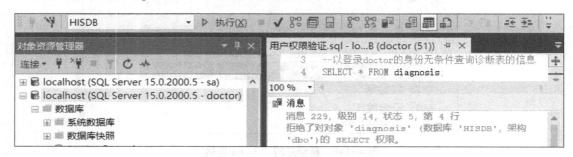

图 4-148　登录身份查询诊断表

从查询结果可以看到，单纯的登录名可以连接到服务器或者数据库，但无法操作数据库中的数据。要想操作某数据库中的数据，需在该数据库中建立与此登录名对应的用户名，也就是将登录名映射用户名，并授予用户相应的操作数据库的权限。

（四）数据库用户及其安全权限的管理

数据库用户及其安全权限的管理包括用户的建立、与登录名的映射、权限的授予等操作。

（1）用户的创建及与登录名的映射。创建用户的 SQL 语法如下：

CREATE USER 用户名［FOR LOGIN 登录名｜WITHOUT LOGIN］［WITH DEFAULT_ SCHEMA＝架构名］［；］

示例：建立与登录名 doctor 对应的 HISDB 用户 doctor。

选中管理员对应的连接，在"用户权限设置 . sql . . ."查询窗口中输入 SQL 语句。实现该示例的 SQL 语句及执行结果信息如图 4-149 所示。展开 HISDB 数据库，刷新"安全性"下的"用户"目录，也可以看到新建立的用户"doctor"，刷新结果亦可见图 4-149。

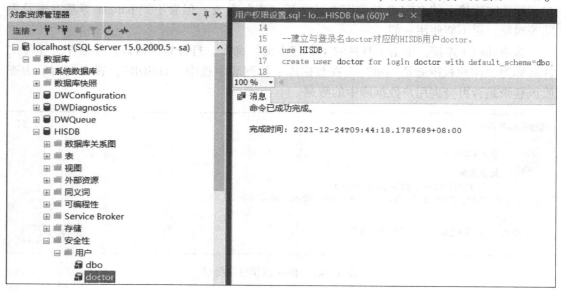

图 4-149　新建用户

小 · 贴 · 士

●为何我的命令执行是成功的，但刷新 HISDB 数据库下的"用户"目录，也未见新建立的用户？

原因：未选择当前数据库为 HISDB，即未使用"use HISDB"语句，或者未在工具栏数据库下拉列表中选择当前数据库为 HISDB。

●为何很多教材或参考资料上用户的取名与登录名一致，用户名与登录名有什么区别，这种一致性是一定的吗？

答：用户名是一个或多个登录对象在数据库中的映射，可以对用户对象进行授权，以便为登录对象提供对数据库的访问权限，因此，不同数据库对同一登录名映射的用户名称往往与登录名一致，但这不是强制性规定，登录名与映射的用户名也可以不一致。一个登录名可以被授权访问多个数据库，但一个登录名在每个数据库中只能映射一次。即一个登录可对应多个用户，一个用户也可以被多个登录使用，但某一时刻只能被一个登录使用。好比 SQL Server 就像一栋大楼，里面的每个房间都是一个数据库。登录名只是进入大楼的钥匙，而用户名则是进入房间的钥匙。一个登录名可以有多个房间的钥匙，但一个登录名在一个房间只能拥有此房间的一把钥匙。

切换到用户权限验证窗口，查询诊断表的信息，会看到和图 4-148 同样的反馈信息，由此可以看到，即使建立了用户，但未给予用户权限时，用户仍然操作不了数据。

（2）授权及权限验证。在 SQL Server 中，只有被授权的用户才能执行查询、更新语句或对数据对象进行操作。在交互式 SQL 中采用 GRANT 及 REVOKE 语句授权与回收权限。

授权语句语法格式如下：

GRANT {ALL[PRIVILEGES]}|权限名[（列名[,…n]）][,…n][ON 对象名] TO 用户名[,…n][WITH GRANT OPTION][;]

该语句表达的语义为：将指定的操作对象的操作权限授予指定的用户。发出该 GRANT 语句的可以是数据库管理员，也可以是该数据库对象的创建者，还可以是已经拥有该权限的用户。如果指定了 WITH GRANT OPTION 子句，表示获得指定权限的用户还可以把这种权限或其子权限授予其他的用户。反之，如果没有指定 WITH GRANT OPTION 子句，则获得指定权限的用户只能使用该权限，不能将该权限传播给其他用户。

回收权限的语句格式如下：

REVOKE[GRANT OPTION FOR] {ALL[PRIVILEGES]}|权限名[（列名[,…n]）][,…n][ON 对象名] FROM 用户名[,…n][CASCADE][;]

示例：授予用户 doctor 查询诊断表中的患者编号与诊断名称两个字段的权限。

实现该示例的 SQL 语句及执行提示信息如图 4-150 所示。

示例：以用户 doctor 的身份查询，所有患高血压患者的诊断信息。

以星号"*"表示查询目标列的 SQL 语句及执行结果提示信息如图 4-151 所示。

由图 4-151 可知，系统拒绝了未经授权的 4 个列（diag_id、doctor_id、dept_name、diag_datetimes）的访问。正确的 SQL 写法与执行结果如图 4-152 所示。

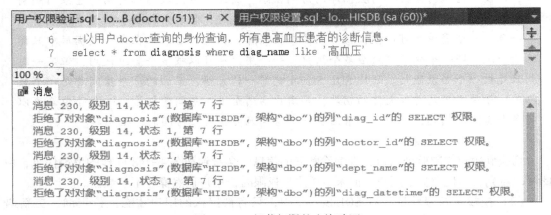

用户权限设置.sql - lo....HISDB (sa (60))* ⊣ ✕

```
20
21     --授予用户doctor查询诊断表中的患者编号与诊断名称两个字段的权限。
22     grant select on diagnosis(patient_id,diag_name) to doctor;
23
```

100 %

消息

命令已成功完成。

图 4-150 用户授权

用户权限验证.sql - lo...B (doctor (51)) ⊣ ✕   用户权限设置.sql - lo....HISDB (sa (60))*

```
6      --以用户doctor查询的身份查询，所有患高血压患者的诊断信息。
7      select * from diagnosis where diag_name like '高血压'
```

100 %

消息

消息 230，级别 14，状态 1，第 7 行
拒绝了对对象"diagnosis"(数据库"HISDB"，架构"dbo")的列"diag_id"的 SELECT 权限。
消息 230，级别 14，状态 1，第 7 行
拒绝了对对象"diagnosis"(数据库"HISDB"，架构"dbo")的列"doctor_id"的 SELECT 权限。
消息 230，级别 14，状态 1，第 7 行
拒绝了对对象"diagnosis"(数据库"HISDB"，架构"dbo")的列"dept_name"的 SELECT 权限。
消息 230，级别 14，状态 1，第 7 行
拒绝了对对象"diagnosis"(数据库"HISDB"，架构"dbo")的列"diag_datetime"的 SELECT 权限。

图 4-151 超载权限的查询验证

用户权限验证.sql - lo...B (doctor (51)) ⊣ ✕   用户权限设置.sql - lo....HISDB (sa (60))*

```
9      --以用户doctor查询的身份查询，所有患高血压患者的诊断信息。
10     select patient_id,diag_name from diagnosis where diag_name like '高血压'
11
```

100 %

结果   消息

	patient_id	diag_name
1	00005	高血压
2	00037	高血压

图 4-152 符合授权的查询验证

同理，此时如果执行对 patient 表的更新操作及对 doctor、diagnosis 表的查询与更新操作均会被拒。

示例：以管理员身份对 doctor 用户授予对 patient 表的查询、插入、修改权限，对表 diagnosis 所有列的查询权。

正确的 SQL 写法与执行结果如图 4-153 所示。

（3）权限传播。以管理员身份新建登录 nurse，并为该登录新建数据库 HISDB 用户 nurse，目前该用户不拥有任何访问数据对象的权限。

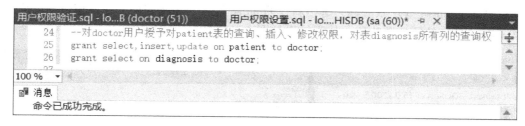

图 4-153　授查询、记录插入、修改权

示例：用户 doctor 将其对表 diagnosis 的查询权授予用户 nurse。

在打开的"用户权限验证.sql-...（doctor（...））"窗口中输入授权语句，并执行，结果如图 4-154 所示。

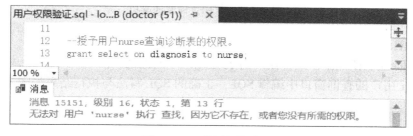

图 4-154　传播权限失败

该 SQL 语句执行失败的原因是 doctor 用户并没有得到权限传播权。要想 doctor 用户具有该权利，需将图 4-153 中的第 2 个 SQL 语句改写为图 4-155 所示，即 doctor 用户在拥有对 diagnosis 表查询权的同时，也可将该查询权限授予其他用户。

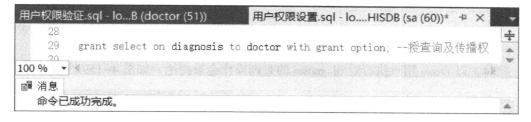

图 4-155　传播权限授予

此时，再执行图 4-154 中的授权语句，其执行结果如图 4-156 所示。

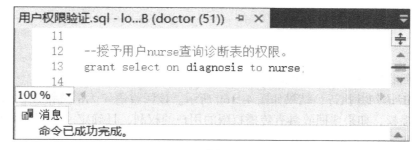

图 4-156　传播权限成功

以登录名 nurse 登录服务器，选中新建的 nurse 连接，新建查询，在该窗口中继续编写查询 diagnosis 表的语句并执行，执行结果如图 4-157 所示。

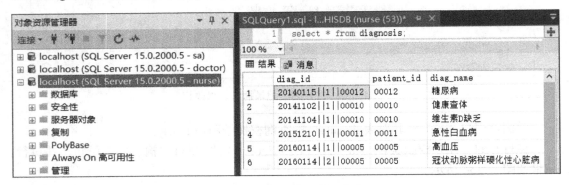

图 4-157　权限传播验证成功

（4）权限回收。

示例：doctor 用户收回 nurse 用户对表 diagnosis 的查询权。

在 doctor 用户的查询窗口中编辑 SQL，正确的 SQL 写法与执行结果如图 4-158 所示。

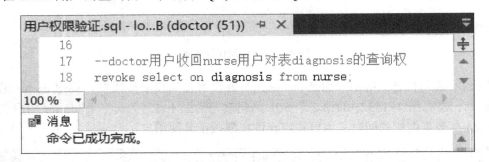

图 4-158　权限回收

此时，以 nurse 用户执行对 diagnosis 的查询操作会被拒绝，如图 4-159 所示。

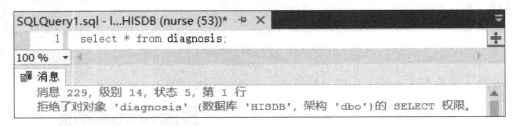

图 4-159　权限回收验证

示例：回收用户 doctor 对 diagnosis 的查询权。

编写 SQL 语句并执行，结果如图 4-160 所示。该回收语句无语法错误，但指出 doctor 用户具有传播权，如果要回收具有传播权限的用户的权利，且确定一并回收其传播出去的权利，则需指定 CASCADE 选项。

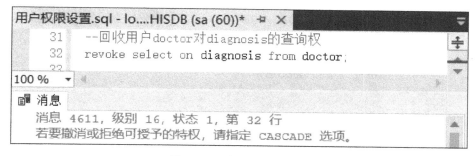

图 4-160　权限级联回收 1

正确的 SQL 写法与执行结果如图 4-161 所示。

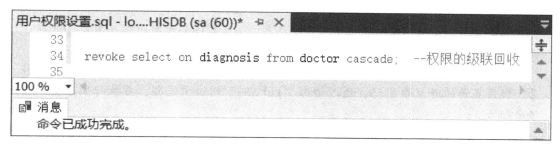

图 4-161　权限级联回收 2

此时，无论是 nurse 用户还是 doctor 用户，对 diagnosis 表的查询操作均会被拒绝。

（5）删除用户。删除用户的 SQL 语法如下：

DROP USER 用户名［;］

示例：删除用户 nurse、doctor。

在"用户权限设置 .sql..."窗口中编辑 SQL 语句，正确的 SQL 写法与执行结果如图 4-162 所示。此时，数据库 HISDB 用户列表中再无 nurse、doctor 两个用户。

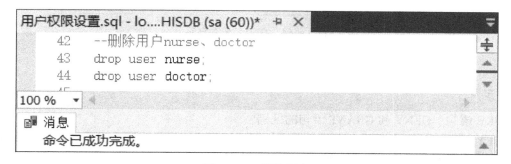

图 4-162　删除用户

（6）删除登录。

示例：删除登录 nurse、doctor。

在"用户权限设置 ..."窗口中编辑 SQL 语句，正确的 SQL 写法与执行结果如图 4-163 所示。此时，管理员连接下的登录名列表中 nurse、doctor 两个登录名消失。

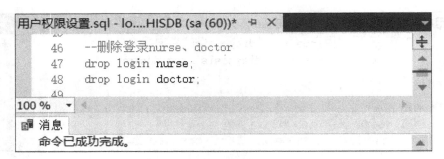

图 4-163　删除登录

删除登录需要待删除的登录退出登录状态，如果删除登录时出现如图 4-164 所示的错误提示，怎么办？

解决方法：利用"exec sp_who 'nurse';"语句查询出当前登录名正运行的进程号，假设显示的进程号是 55，通过语句"kill 55;"删除该进程，再执行删除登录的语句即可。

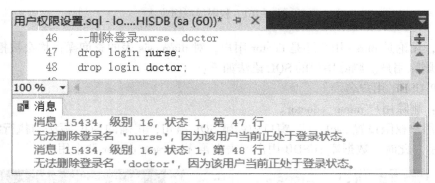

图 4-164　登录名无法删除

问与答

REVOKE 语句、DENY 和 GRANT 语句的区别？

答：REVOKE 语句回收以前对当前数据库内用户授予或拒绝的权限，即安全账户不能访问回收的权限，除非将该权限授予了用户所在的组或角色；DENY 语句拒绝给当前数据库内的安全账户授予权限，并防止安全账户通过其组或角色成员资格继承权限，即如果使用 DENY 语句禁止用户获得某个权限，那么以后将该用户添加到已得到该权限的组或角色时，该用户仍然不能访问这个权限；GRANT 语句可删除拒绝的权限并将权限显式应用于安全账户。

实验十一 事 务

一、实验目的

理解事务的概念、特性，掌握事务的设计思想和事务创建、执行的方法。

二、实验工具

Microsoft SQL Server 及其查询分析器。

三、实验学时数

2 学时。

四、实验内容和要求

（1）针对某数据库完成显式事务的设计与实现。
（2）针对某数据库完成自动提交事务的设计与实现。
（3）针对某数据库完成隐式事务的设计与实现。

五、实验报告

按附录 2 要求认真填写实验报告，记录实验案例。

六、相关知识点与示例

（一）事务
事务是数据库的逻辑工作单位，是用户定义的一个数据库操作系列，这些操作是一个不可分割的工作单位。所谓工作单位，是一个事务有开始也有结束。如果在事务执行过程中出了什么错，则整个工作单元将能被撤销；如果进展顺利，则整个工作单元执行的结果就被存进数据库。在关系数据库中，一个事务可以是一条 SQL 语句、一组 SQL 语句或整个程序。

（二）事务的四大特性
（1）原子性：事务必须是原子工作单元；对于其数据修改，要么全部执行，要么全部不执行。
（2）一致性：事务在完成时，必须使所有的数据都保持一致性状态。
（3）隔离性：由并发事务所作的修改必须与任何其他并发事务所作的修改隔离。
（4）持久性：事务完成后，它对于系统的影响是永久性的，即该修改即使出现系统故障也将一直保持。

（三）事务的分类

（1）显式事务：也称为用户定义或用户指定的事务，即可以显式地定义启动和结束的事务。

（2）自动提交事务：它是 SQL Server 的默认事务管理模式。每个 T-SQL 语句在完成时，都被提交或回滚。如果一个语句成功地完成，则提交该语句；如果遇到错误，则回滚该语句。只要自动提交模式没有被显式或隐性事务替代，SQL Server 连接就以该默认模式进行操作。

（3）隐式事务：当连接以隐式事务模式进行操作时，SQL Server 在提交或回滚当前事务后自动启动新事务。无需描述事务的开始，只需提交和回滚每个事务。

（四）显式事务

（1）启动事务。显式事务需要显式的定义事务的启动和结束。启动事务的语法格式如下：

BEGIN TRAN［SACTION］［transaction_name｜@ tran_name_variable［WITH MARK［'description'］］］［;］

参数含义如下：

1）transaction_name：事务名称。

2）@ tran_name_variable：用户定义的、含有有效事务名称的变量的名称。

3）WITH MARK ['description']：指定在日志中标记事务。description 是描述该标记的字符串。

BEGIN TRANSACTION 代表一点，由连接引用的数据在该点是逻辑和物理上都一致的。如果遇上错误，在 BEGIN TRANSACTION 之后的所有数据改动都能进行回滚，回到数据已知的一致状态。每个事务继续执行直到它无误地完成并且用 COMMIT TRANSACTION 对数据库作永久的改动，或者遇上错误并且用 ROLLBACK TRANSACTION 语句擦除所有改动。

（2）结束事务。如果没有遇到错误，可使用 COMMIT TRANSACTION 语句成功地结束事务，该事务中的所有数据修改在数据库中都将永久有效，事务占用的资源也被释放。结束事务的语法格式如下：

COMMIT TRAN［SACTION］［transaction_name｜@ tran_name_variable］［;］

（3）回滚事务。如果事务中出现错误，或者用户决定取消事务，可回滚该事务。回滚事务的语法格式如下：

ROLLBACK TRAN［SACTION］［transaction_name｜@ tran_name_variable］［;］

示例：创建事务，将数据库中的医师标识号 4300 改为 7205。

注：取消 diagnosis 关系的强制外码约束后，再做如下试验。

实现该示例的 SQL 语句及执行结果消息提示如图 4-165 所示。

```
36
37    --修改操作与数据库的一致性：将数据库中的医师标识号4300改为7205
38    begin tran mytran
39    update doctor set doctor_id='7205' where doctor_id='4300'
40    update diagnosis set doctor_id='7205' where doctor_id='4300'
41    COMMIT TRAN mytran
42
```

100 %

消息

(1 行受影响)

(3 行受影响)

图 4-165　显式事务 1

示例：创建事务，维护参照完整性、用户自定义完整性等。

实现该示例的 SQL 语句及执行结果消息如图 4-166 所示。

```
1   begin transaction
2   insert into diagnosis values ('20190416||1||00012','00012','糖尿
    病','9952','心血管内科门诊','2019-04-16 10:16:58.000')
3   begin
4       if exists(select * from doctor where doctor_id='9952') and exists
    (select * from patient where patient_id='00012')
5       begin
6           print '在diagnosis表中插入元组成功'
7           commit tran
8       end
9       else
10      begin
11          print '在diagnosis表中插入元组不成功'
12          if not exists(select * from doctor where doctor_id='9952')
13          print '在被参照关系doctor中不存在相关元组，需要回滚'
14          if not exists(select * from patient where patient_id='00012')
15          print '在被参照关系patient中不存在相关元组，需要回滚'
16          rollback tran
17      end
18  end
19
```

100 %

消息

(1 行受影响)
在diagnosis表中插入元组不成功
在被参照关系doctor中不存在相关元组，需要回滚
在被参照关系patient中不存在相关元组，需要回滚

图 4-166　显式事务 2

如何取消关系 diagnosis 的强制外键约束？

解决方法：SSMS 的对象资源管理器中右键 diagnosis→设计→在打开的设计选项卡的右键菜单中选择"关系"命令，如图 4-167 所示，在打开的"外键关系"窗口中将关系外键的"强制外键约束"设置为"否"，关闭"外键关系"窗口，关闭"设计"窗口并保存即可。

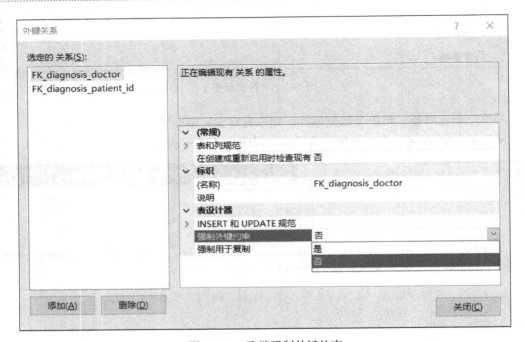

图 4-167　取消强制外键约束

（五）自动提交事务

SQL Server 连接由 BEGIN TRANSACTION 语句启动显式事务，或隐性事务模式设置为打开之前，将以自动提交模式进行操作。当提交或回滚显示事务，或者关闭隐性事务模式时，SQL Server 将返回到自动提交模式。

在自动提交模式下，有时看起来 SQL Server 好像回滚了整个批处理，而不是仅仅一个 SQL 语句。这种情况只在遇到的错误是编译错误而不是运行错误时才会发生。编译错误将阻止 SQL Server 建立执行计划，批处理中的任何语句都不会执行。尽管看起来好像是产生错误之前的所有语句都被回滚了，但实际情况是该错误使批处理中的任何语句都没有被执行。

示例：用 INSERT 语句在医师信息表中插入 3 条记录。

编写的 SQL 语句及其执行返回信息如图 4-168 所示。

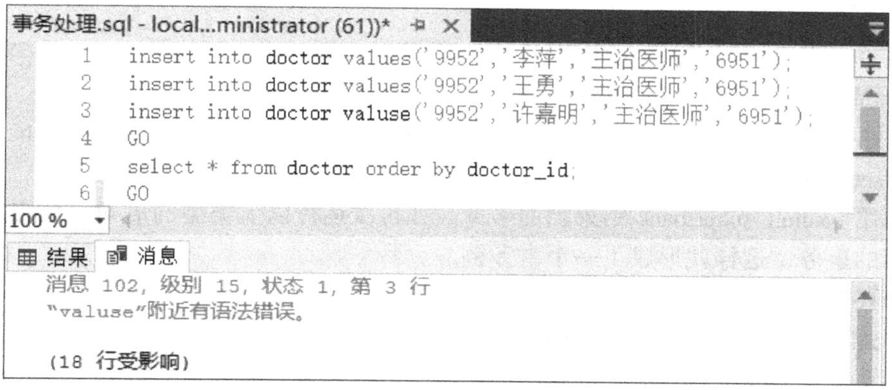

图 4-168 自动提交事务返回消息

从图 4-168 可以看出，第 3 行存在语法错误，关键词 values 写成了 valuse，执行时便会产生编译错误，三个插入语句的任何一个都没有执行，因为 doctor 表中在执行此语句之前就是 18 条记录，由该示例的执行结果（如图 4-169 所示）也可以看出，select 语句没有返回有关前两条插入记录（9952）的结果。但看上去好像是前两个 INSERT 语句已被执行而进行了回滚。

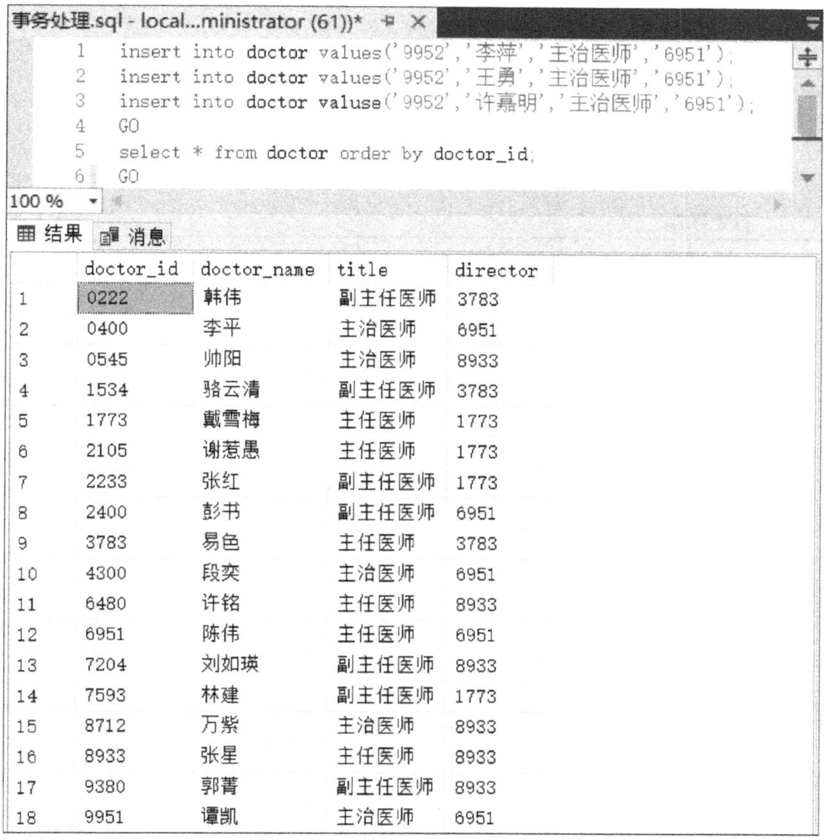

	doctor_id	doctor_name	title	director
1	0222	韩伟	副主任医师	3783
2	0400	李平	主治医师	6951
3	0545	帅阳	主治医师	8933
4	1534	骆云清	副主任医师	3783
5	1773	戴雪梅	主任医师	1773
6	2105	谢惹愚	主任医师	1773
7	2233	张红	副主任医师	1773
8	2400	彭书	副主任医师	6951
9	3783	易色	主任医师	3783
10	4300	段奕	主治医师	6951
11	6480	许铭	主任医师	8933
12	6951	陈伟	主任医师	6951
13	7204	刘如瑛	副主任医师	8933
14	7593	林建	副主任医师	1773
15	8712	万紫	主治医师	8933
16	8933	张星	主任医师	8933
17	9380	郭菁	副主任医师	8933
18	9951	谭凯	主治医师	6951

图 4-169 自动提交事务返回结果

（六）隐式事务

隐式事务需要用 T-SQL 语句才能打开，打开隐式事务的语句如下：

SET IMPLICIT_TRANSACTIONS ON

隐式事务一旦打开，第一次执行 alert table，insert，create，open，delete，revoke，drop，select，fetch，truncate table，grant，update 语句时，会自动开启一个事务，开始的事务需要利用 commit 或 rollback 结束当前事务。如再次运行以上类型的语句，会再次自动开启一个新的事务，这样就形成了一个事务链。

如果要关闭隐式事务，采用如下语句即可：

SET IMPLICIT_TRANSACTIONS OFF

示例：以隐式事务的方式，在医师信息表中插入一条记录，并修改其姓名，执行完成后，关闭隐式事务执行模式。

编写的 SQL 语句及其执行返回信息如图 4-170 所示。

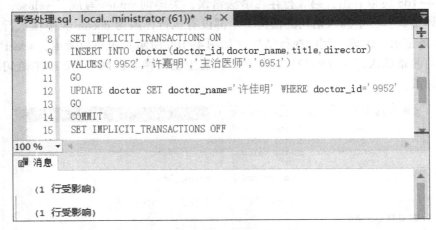

图 4-170　隐式事务

?　问与答

事务与程序是一个概念吗？

答：是两个概念。一般来说，一个程序中包含多个事务，但某些时候，一个程序就是一个事务。

实验十二 数据的导入和导出

一、实验目的

（1）掌握使用"SQL Server 导入和导出向导"导入数据的操作方法。

（2）掌握使用"SQL Server 导入和导出向导"导出数据的操作方法。

二、实验平台 SQL Server

Microsoft SQL Serve 及 Excel。

三、实验学时数

2 学时。

四、实验内容和要求

（1）将某数据库表信息输入到 Excel 文件中，然后通过 SQL Server 导入到数据库对应的表中。

（2）将数据库中的一个或多个表的数据导出至同一个 Excel 文件中。

五、实验报告

按附录 2 要求认真填写实验报告，记录实验案例。

六、相关知识点与示例

SQL Server 提供了一种数据导入导出服务，可以在多种常用数据格式（数据库、电子表格、文本文件）之间导入和导出数据，为不同数据源之间的数据传输与转换提供了便捷途径。如，可以将一 SQL Server 数据库中的数据传输到 Access 数据库或 Excel 文件中。

示例：将 HISDB 数据库 doctor 表中的数据传输到 Excel 文件中。

下面以该示例操作过程说明 SQL Server 导入和导出向导的使用。

（1）在"开始"菜单中，将鼠标指向"Microsoft SQL Server 2019"，执行"导入和导出数据（64 位）"命令（本机的 Office 是 64 位的版本），打开"SQL Server 导入和导出向导"欢迎窗口，在该窗口中直接单击"下一步"按钮。

（2）在"选择数据源"窗口中设置要复制的数据的源信息，如图 4-171 所示。此示例将数据由 SQL Server 传输到 Excel 文件，在"数据源"列表中选择数据源类型为"SQL Server Native Client 11.0"，在"服务器名称"列表中选择或输入服务器名称"localhost"（localhost 表示本地服务器），身份验证采用默认身份验证模式"使用 Windows 身份验证"，数据库选择"HISDB"，设置完成后，单击"下一步"。

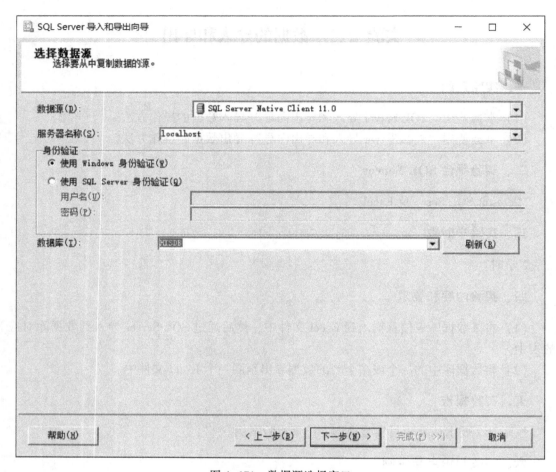

图 4-171　数据源选择窗口

（3）在向导的"选择目标"提示窗口中指定要将数据复制到的位置，如图 4-172 所示。在"目标"列表选择"Microsoft Excel"，通过"浏览"按钮选择一个 Excel 文件用于存放目标数据，然后选择 Excel 版本，并单击"下一步"。

（4）在向导提示的"指定表复制或查询"窗口中指定是从数据源复制一个或多个表和视图，还是从数据源复制查询结果，如图 4-173 所示。此示例直接复制 HISDB 中 doctor 表中的数据，采用默认的"复制一个或多个表或视图的数据"选项，再单击"下一步"按钮。

（5）在向导提示的"选择源表和源视图"窗口中选择一个或多个要复制的表和视图，如图 4-174 所示。本示例中选择表 doctor，再直接单击"下一步"，当然，也可以单击"预览"按钮预览要导出的数据集合。

（6）向导提示的"查看数据类型映射"窗口如图 4-175 所示，在该窗口中直接单击"下一步"按钮。

（7）在向导提示的"保存并运行包"窗口中指示是否保存 SSIS 包，如图 4-176 所示。"立即运行"选项表示立即执行数据转换和传输；保存 SSIS 包表示创建 SSIS 包，用于复制。采用默认的选项，直接单击"下一步"。

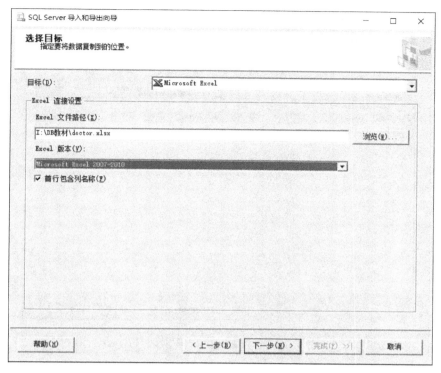

图 4-172 目标选择窗口

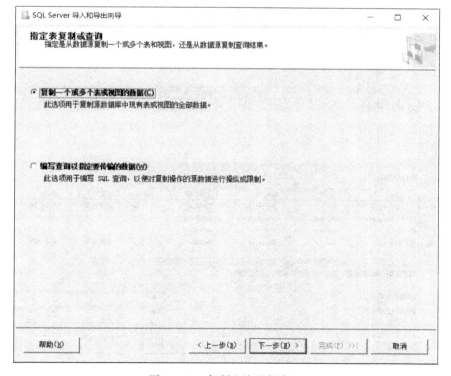

图 4-173 复制查询选择窗口

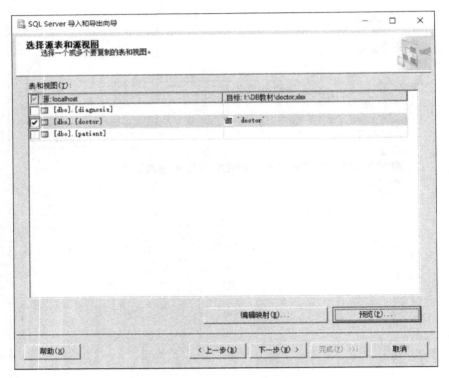

图 4-174 源表和视图选择窗口

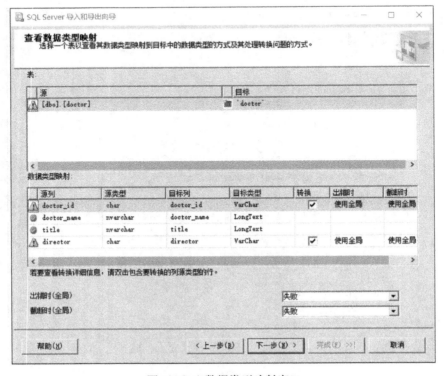

图 4-175 数据类型映射窗口

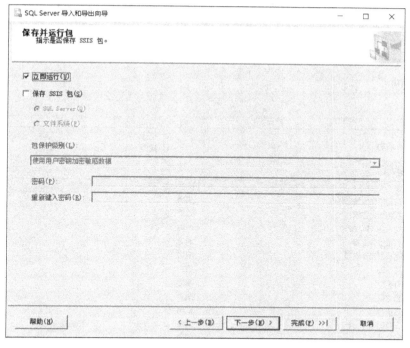

图 4-176 保存或运行选择

（8）在出现的"完成向导"窗口中会显示源位置、源提供程序、目标位置、目标提供程序信息，如图 4-177 所示，显示待完成的操作源目信息，如果不正确，可单击"上一步"按钮进行修改，否则，直接单击"完成"按钮。

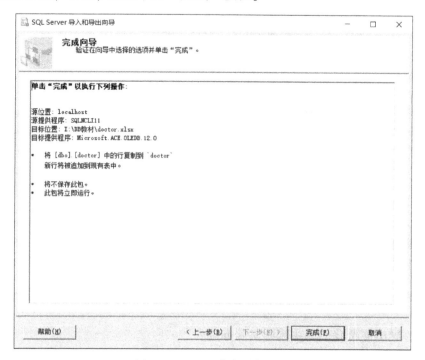

图 4-177 源目信息映射窗口

（9）单击"完成"按钮，开始转换和传输数据，出现"正在执行操作"窗口，如图4-178所示，完成后显示执行成功的提示信息，单击"关闭"按钮即可完成数据的传输。

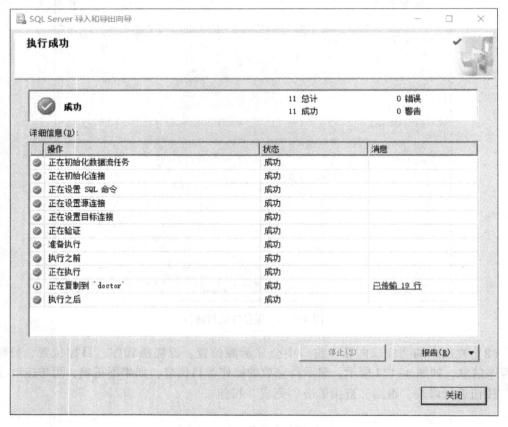

图 4-178　执行成功提示

导出时出现执行错误提示代码 0xC02020E8，如何解决？

解决方法：兼容性问题，把你的 Excel 另存为 97-03，后缀则为 xls。

[?] **问与答**

SSMS 中有数据导入、导出功能吗？

答：有。右键单击"源或目标数据库→任务→导入数据（导出数据）"进入"SQL Server 导入和导出向导"。

[?] **思考**

数据的导入、导出能帮我们解决哪些实际问题？

实验十三 完 整 性

一、实验目的

（1）了解完整性控制的含义及其类型。

（2）熟悉通过 T_SQL 对数据进行完整性控制。

二、实验工具

Microsoft SQL Server 及其查询分析器。

三、实验学时数

2 学时。

四、实验内容和要求

（1）使用 T-SQL 对数据实现完整性控制（实体完整性、域完整性、参照完整性、用户定义的完整性）。

（2）验证违反完整性约束条件时的系统应对。

五、实验报告

按附录 2 要求认真填写实验报告，记录实验用例。

六、相关知识点与示例

（一）数据库完整性类型

数据库完整性就是确保数据库中数据的一致性和正确性。SQL Server 提供了相应的组件以实现数据库的完整性，如表 4-2 所示。

表 4-2 SQL Server 提供的数据库完整性组件

完整性类型	SQL Server 提供的数据库完整性组件
实体完整性	索引、UNIQUE 约束、PRIMARY KEY 约束和 IDENTITY 属性
域完整性	FOREIGN KEY 约束、CHECK 约束、DEFAULT 定义、NOT NULL 定义
参照完整性	FOREIGN KEY 约束、CHECK 约束、触发器
用户定义的完整性	CREATE TABLE 中的所有列级和表级约束、存储过程和触发器

（二）常见完整性约束的实现

设计表时需要识别列的有效值并决定如何强制实现列中数据的完整性。SQL Server 提供多种强制数据完整性的机制：PRIMARY KEY 约束、FOREIGN KEY 约束、UNIQUE 约束、CHECK 约束、NOT NULL 约束等。这些约束自动强制数据完整性的方式，它们定义关于列中允许值的规则，是强制完整性的标准机制。

（1）PRIMARY KEY 约束。PRIMARY KEY 约束标识列或列集，这些列或列集的值能唯一标识表中的行。一个 PRIMARY KEY 约束可以：

1）作为表定义的一部分在创建表时创建。

2）添加到尚没有 PRIMARY KEY 约束的表中，但一个表只能有一个 PRIMARY KEY 约束。

3）如果已有 PRIMARY KEY 约束，则可对其进行修改或删除。如，可以使表的 PRIMARY KEY 约束引用其他列，更改列的顺序、索引名、聚集选项或 PRIMARY KEY 约束的填充因子。但定义了 PRIMARY KEY 约束的列的列宽不能更改。

在一个表中，不能有两行包含相同的主键值。不能在主键内的任何列中输入 NULL 值。在数据库中 NULL 是特殊值，代表不同于空白和 0 值的未知值。

示例：创建一个名为 student 的表，其中指定 student_id 为主键。

实现该示例的 SQL 语法格式如下：

```
USE temp
GO
CREATE TABLE student( student_id int PRIMARY KEY,
                      Student_name char(30))
GO
```

注意：若要使用 T-SQL 修改 PRIMARY KEY，必须先删除现有的 PRIMARY KEY 约束，然后再用新定义重新创建。

如果在创建表时指定一个主键，则 SQL Server 会自动创建一个名称以"PK_"为前缀，后跟表名的主键索引。这个唯一索引只能在删除与它保持联系的表或者主键约束时才能删除掉。如果不指定索引类型，缺省时创建一个聚集索引。如上面示例创建的主键约束及自动生成的索引如图 4-179 所示。

图 4-179 表的主键与主键索引

验证：插入三条记录：（1,'齐鲁'）、（1,'张樱'）、（NULL,'李衡'）。

实现该验证的 SQL 语句及执行结果返回消息如图 4-180 所示。

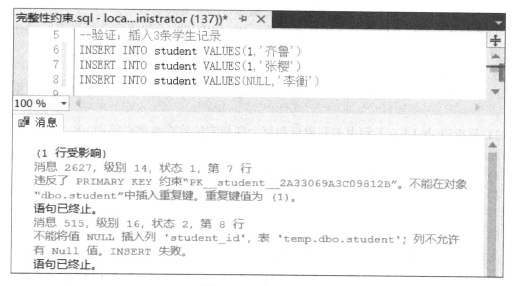

图 4-180 主键验证

由图 4-180 中消息可知，第一条记录插入成功，第二条记录因键值重复不允许插入，第三条记录因键值为 NULL，不允许插入。

（2）FOREIGN KEY 约束。FOREIGN KEY 约束标识表之间的关系。用于强制参考完整性，为表中一列或者多列数据提供参照完整性。FOREIGN KEY 约束也可以参照自身表中的其他列，这种参照称为自参照。

FOREIGN KEY 约束可以在下面这些情况使用：

1）作为表定义的一部分在创建表时创建。

2）如果 FOREIGN KEY 约束与另一个表（或同一个表）已有的 PRIMARY KEY 约束或 UNIQUE 约束相关联，则可向现有表添加 FOREIGN KEY 约束。一个表可以有多个 FOREIGN KEY 约束。

3）对已有的 FOREIGN KEY 约束可进行修改或删除。但定义了 FOREIGN KEY 约束列的列宽不能更改。

示例：创建一个 product 表，其中指定 student_id 为外键。

实现该示例的 SQL 语法格式如下：

CREATE TABLE product

    （product_id int,

    student_id int

        FOREIGN KEY REFERENCES student（student_id）ON DELETE NO ACTION）

GO

如果一个外键值没有相应的主键值与其对应，则不能插入带该值（NULL 除外）的行。如果尝试删除现有外键指向的行，ON DELETE 子句将控制所采取的操作。ON DELETE 子句有两个选项：

1）NO ACTION 指定删除因错误而失败。

154

2）CASCADE 指定还将删除包含指向已删除行的外键的所有行。

如果尝试更新现有外键指向的候选键值，ON UPDATE 子句将定义所采取的操作。它也支持 NO ACTION 和 CASCADE 选项。

使用 FOREIGN KEY 约束，还应注意以下几个问题：

1）FOREIGN KEY 约束中，只能参照同一个数据库中的表，而不能参照其他数据库中的表。

2）FOREIGN KEY 子句中的列数目和每个列指定的数据类型必须和 REFERENCE 子句中的列相同。

3）FOREIGN KEY 约束不能自动创建索引。

4）参照同一个表中的列时，必须只使用 REFERENCE 子句，而不能使用 FOREIGN KEY 子句。

5）在临时表中，不能使用 FOREIGN KEY 约束。

上面示例添加的外键约束执行结果如图 4-181 所示。

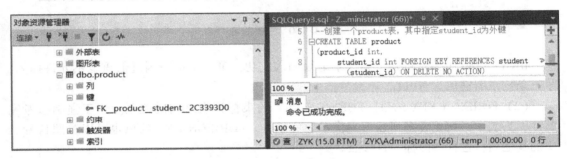

图 4-181　外键约束

验证：在 product 表中插入三条记录：（1，1）、（2，2）、（3，3）。

实现该验证的 SQL 语句及执行返回消息及执行结果分别如图 4-182、图 4-183 所示。

结合图 4-182、图 4-183 可清楚地知道，在执行此操作前，product 表中无记录，student 表中有一条主键值为 1 的记录。该验证执行语句中的第一条插入语句因其外键引用的主键值 1 存在执行成功，第二条语句则因外键对应的主键值 2 不存在插入失败，第三条插入语句因其外键值为 NULL 允许插入。

验证：在 student 表中删除记录主键值等于 1 的记录。

实现该验证的 SQL 语句及执行返回消息如图 4-184 所示。

由图 4-184 可知，因 student 表中的 1 号学生记录被 product 表所引用，系统根据定义 product 表，删除现有外键指向的候选键值时，采用的系统行为是 NO ACTION，即不执行任何删除操作，所以删除失败。

（3）UNIQUE 约束。UNIQUE 约束在列集内强制执行值的唯一性。对于 UNIQUE 约束中的列，表中不允许有两行包含相同的非空值。主键也强制执行唯一性，但主键不允许空值，而且每个表中主键只能有一个，但是 UNIQUE 列可以有多个。UNIQUE 约束优先于唯一索引。

SQL Server 自动创建 UNIQUE 索引来强制 UNIQUE 约束的唯一性要求。因此，如果试

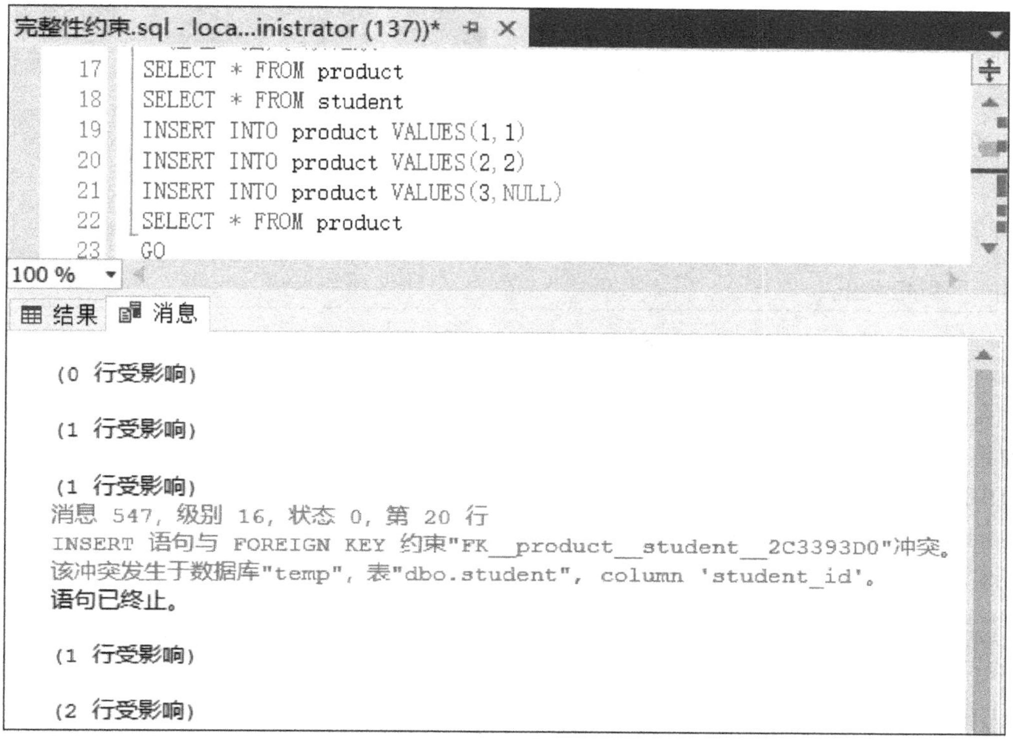

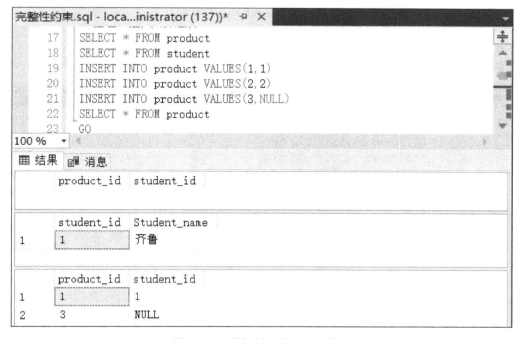

图 4-182　外键插入验证返回消息

图 4-183　外键插入验证返回结果

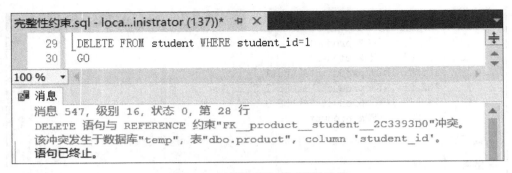

图 4-184 外键删除验证返回结果

图插入重复行，SQL Server 将返回错误信息，说明该操作违反了 UNIQUE 约束并不将该行添加到表中。除非明确指定了聚集索引，否则，默认情况下创建唯一的非聚集索引以强制 UNIQUE 约束。

示例：创建一个 test 表，指定 c1 字段不能包含重复的值。

实现该示例的 SQL 语句及执行返回消息如图 4-185 所示。

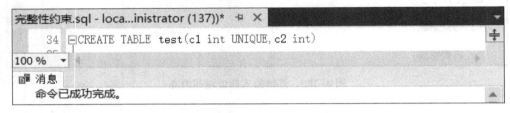

图 4-185 UNIQUE 约束的定义

验证：在 test 表中尝试插入两条 UNIQUE 字段具有重复值的记录。

实现该示例的 SQL 语句及执行返回消息如图 4-186 所示。

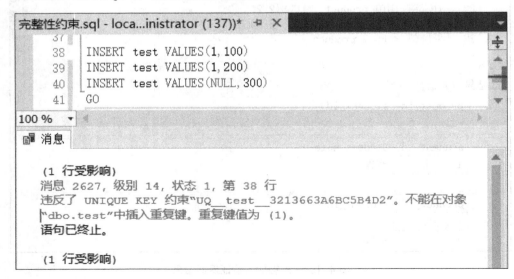

图 4-186 UNIQUE 约束的验证

由图 4-186 可知，第一条记录插入成功，第二条记录因违反 UNIQUE 约束未能插入，第三条记录插入成功则说明 UNIQUE 字段的值可为空值 NULL。

（4）CHECK 约束。CHECK 约束通过限制用户输入的值来加强域完整性。它指定应用于列中输入的所有值的布尔（取值为 TRUE 或 FALSE）搜索条件，拒绝所有不取值为 TRUE 的值。可以为每列指定多个 CHECK 约束。

示例：创建一个成绩表 score，使用 CHECK 约束来限定成绩只能在 0~100 之间。

实现该示例的 SQL 语句及执行返回消息如图 4-187 所示。

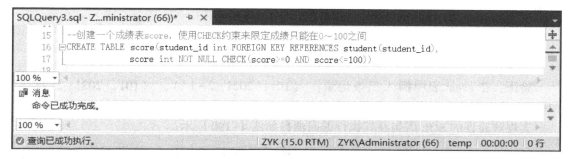

图 4-187　CHECK 约束的定义

验证：在 score 约束尝试插入两条记录：（1，92）、（1，105）。

实现该验证的 SQL 语句及其执行返回消息如图 4-188 所示。

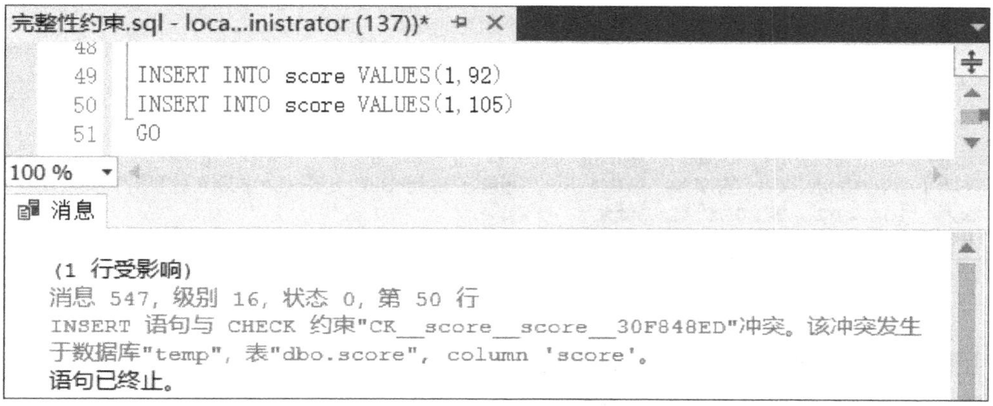

```
48
49    INSERT INTO score VALUES(1,92)
50    INSERT INTO score VALUES(1,105)
51    GO
```

100 %

消息

（1 行受影响）
消息 547，级别 16，状态 0，第 50 行
INSERT 语句与 CHECK 约束"CK__score__score__30F848ED"冲突。该冲突发生于数据库"temp"，表"dbo.score", column 'score'。
语句已终止。

图 4-188　CHECK 约束的验证

由图 4-188 可知，第一条成绩为 92 的记录顺序插入，第二条记录的成绩为 105，因违反 CHECK 约束未能插入。

（5）列约束和表约束。约束可以是列约束或表约束。列约束被指定为列定义的一部分，并且仅适用于那个列，如 score 表中限定成绩取值范围的约束就是列约束。表约束的声明与列的定义无关，可以适用于表中的一个以上的列。当一个约束中必须包含一个以上的列时，必须使用表约束。

示例：有一个表 event 记录实验室一台计算机上所发生的事件。假定有几类事件可以同时发生，但不能有两个同时发生的事件属于同一类型，这一点可以通过表约束的方式，将 event_type 列和 event_time 列加入双列主键来强制执行。

实现该示例的 SQL 语句及执行返回消息如图 4-189 所示。

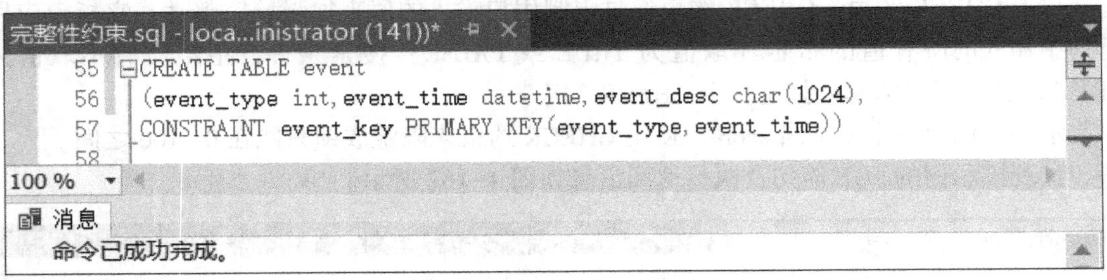

图 4-189　表约束的定义

验证：在 event 表中插入三条记录：（101,'2021-2-1'）、（101,'2021-2-2'）、（101,'2021-2-2'）。

实现该验证的 SQL 语句及其执行返回消息如图 4-190 所示。

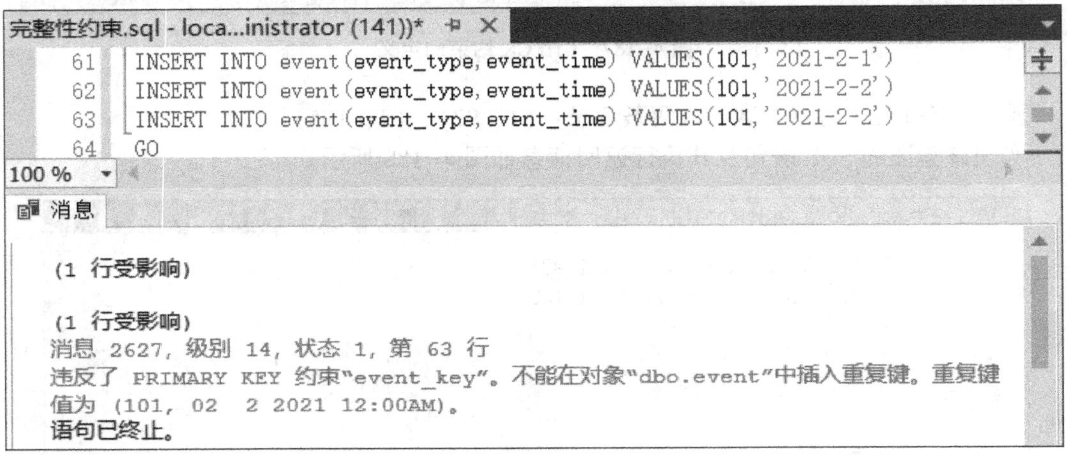

图 4-190　表约束的验证

由图 4-190 可知，第一、第二条语句因未违反双列主键表约束，插入成功，第三条记录与第二条记录在双列主键上的取值重复，未能插入。

（6）默认值的使用。如果在插入行时，没有指定列的值，则默认值指定列中所使用的值。默认值可以是任何取值为常量的对象。

在 SQL Server 中，可以在创建表时，指定默认值。如果使用 SSMS，则可以在设计表时指定默认值；如果使用 T-SQL 语言，则在 CREATE TABLE 语句中使用 DEFAULT 子句。

1）在 SSMS 中创建表时指定默认值。在使用 SSMS 创建表时，可以在输入字段后，在该字段的列属性列表中输入该字段的默认值，如图 4-191 所示。

2）使用 T-SQL 语言在创建表时使用默认值。如果使用 T-SQL 语言，则可以使用 DEFAULT 子句。这样在使用 INSERT 和 UPDATE 语句时，如果没有提供值，则默认值会提供值。

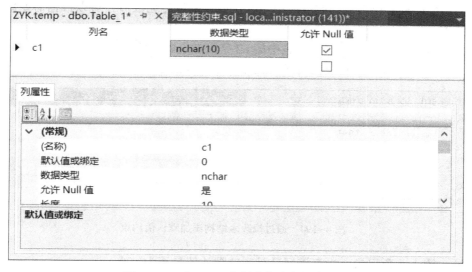

图 4-191　在 SSMS 中创建表时指定默认值

示例：在 temp 数据库中创建一个 datetest 表，其中 c2 指定默认值为当前日期。
实现该示例的 SQL 语句及执行返回消息如图 4-192 所示。

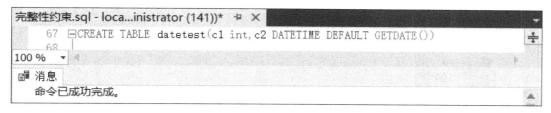

图 4-192　使用 T-SQL 语言在创建表时使用默认值

验证：在 datetest 表中插入一条记录：（1）。
实现该验证的 SQL 语句及执行结果如图 4-193 所示。

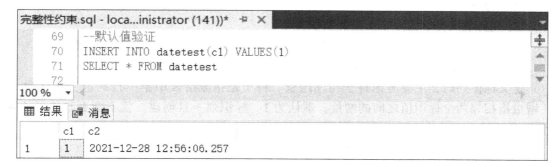

图 4-193　默认值的验证

在返回结果中可以看到，虽然插入语句只给出了 c1 字段的值，但 c2 自动采纳了默认值系统时间。

3）使用 T-SQL 语言在修改表时使用默认值。表创建完成后，可以根据需要修改或添加新的约束。

示例：给 temp 数据库中的 test 表中的 c2 字段加上默认值。

实现该示例的 SQL 语句及其返回消息如图 4-194 所示。

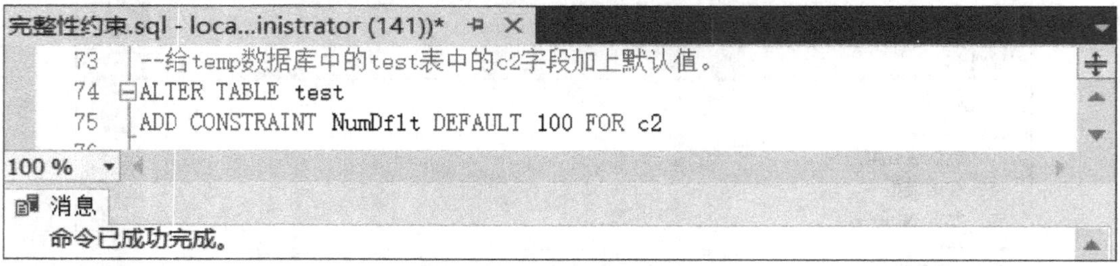

图 4-194　通过修改表结构添加默认值约束

验证：插入一条记录，检查该记录对应的默认值是否为 100。

实现该验证的 SQL 语句及执行返回结果如图 4-195 所示。

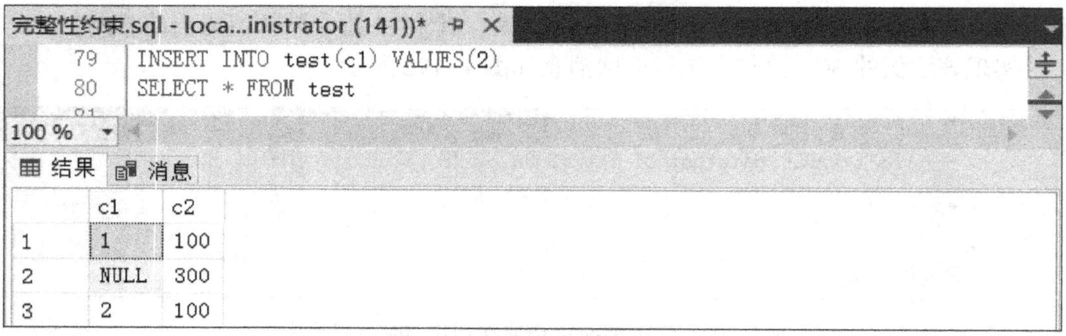

图 4-195　默认值在修改表结构时定义时的验证

（7）IDENTITY 属性。IDENTITY 属性，即自增列，又称标识列、种子字段。该种列具有以下特点：

1）列的数据类型为不带小数的数值类型。

2）在进行记录插入操作时，该列的值由系统按一定规律生成，不允许空值。

3）列值不重复，具有标识表中每一行的作用，每个表只能有一个标识列。

定义标识列时，主要考虑种子与递增量。种子是指派给表中第一行的值，默认为 1。递增量指相邻两个标识值之间的增量，默认为 1。标识列一旦创建，就不能更改种子值和递增量。

1）在 SSMS 中创建表时指定种子字段。

示例：创建一个表 test2，有标识列 c1，类型为 int，种子为 1，递增量为 1。

在"对象资源管理器"中右键 temp 数据库下的"表"，选择"新建→表"，会打开一个新的表设计窗口，在该窗口的列属性中展开"标识规范"选项，将"（是标识）"设置为"是"，标识增量设置为 1，标识种子设置为 1。设置结果如图 4-196 所示。

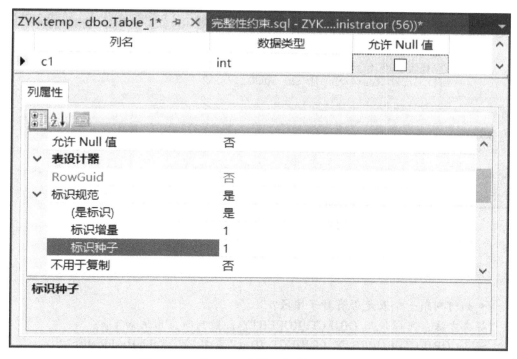

图 4-196　在 SSMS 中创建表时设置种子字段

2）使用 T-SQL 语言在创建表时定义种子字段。

示例：创建一个表 test3，包含名为 ID，类型为 int，种子为 1，递增量为 1 的标识列。
实现该示例的 SQL 语句及其执行返回消息如图 4-197 所示。

图 4-197　使用 T-SQL 语言在创建表时定义种子字段

3）使用 T-SQL 语言在修改表时添加种子字段。

示例：在表 test4 中添加一个种子字段，字段名为 ID，类型为 int，种子为 1，递增量
为 2。实现该示例的 SQL 语句及其执行返回消息如图 4-198 所示。

示例：保持表 test4 的内容，并重置自动编号列 ID 的 SEED。

实现该实例的 SQL 代码及执行返回消息如图 4-199 所示。

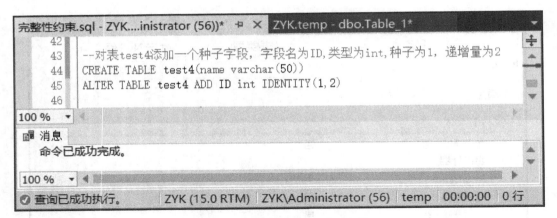

图 4-198　对已有表添加种子字段

● 如何判断一个表是否有种子字段？

解决方法：可以使用 OBJECTPROPERTY 函数判断，用法如下：

Select OBJECTPROPERTY（OBJECT_ID（'表名'）,'TableHasIdentity'）

如果有，返回 1，否则返回 0。

● 如何获取标识列的种子值？

解决方法：可以使用函数 IDENT_SEED，用法：SELECT IDENT_SEED（'表名'）

● 如何获取标识列的递增量？

解决方法：可使用函数 IDENT_INCR，用法：SELECT IDENT_INCR（'表名'）

● 如何删除表内所有值并重置标识值？

解决方法：TRUNCATE TABLE TableName

● 如何保持表的内容，并重置自动编号列的 SEED？

解决方法：DBCC CHECKIDENT（'表名'，RESEED，new_reseed_value）

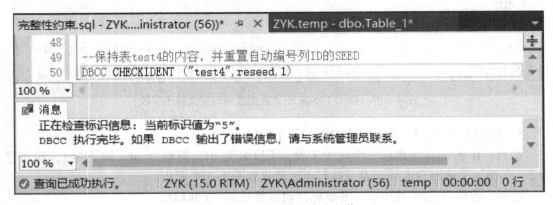

图 4-199　重置种子字段的值

如果表内有数据，则重设的值如果小于最大值可能会有问题，这时可以用 DBCC CHECKIDENT（'表名'，reseed）即可自动重设值。

问与答

规则与 CHECK 约束有什么区别？

答：规则可用于执行一些与 CHECK 约束相同的功能。CHECK 约束是用来限制列值的首选标准方法。CHECK 约束比规则更简明，一个列只能应用一个规则，但是却可以应用多个 CHECK 约束。CHECK 约束作为 CREATE TABLE 语句的一部分进行指定，而规则以单独的对象创建，然后绑定到列上。

实验十四 通过 ADO. NET 数据访问组件访问数据库

一、实验目的

（1）了解数据库在程序设计中的重要作用。

（2）了解 C#中如何实现对数据库的访问。

二、实验工具

Microsoft SQL Server 及 C#。

三、实验学时数

2 学时。

四、实验内容和要求

在 C#中建立一个 Windows 应用程序，基于 ADO. NET 实现对数据库中满足一定条件的数据的访问。

五、实验报告

按附录 2 要求认真填写实验报告，记录实验案例。

六、相关知识点与示例

（一）ADO. NET

ADO. NET（ActiveX Data Objects）是 . NET Framework 中不可缺少的一部分，是一组向 . NET 程序员公开数据访问服务的类。在 ADO. NET 中，通过数据提供程序所提供的应用程序编程接口（API-Application Programming Interface），可以轻松地访问数据资源，包括关系数据、可扩展的标识语言（XML-eXtensibleMarkupLanguage）和应用程序数据。

（二）使用 ADO. NET 浏览数据库中数据的一般步骤

（1）根据使用的数据源，确定使用 . NET 框架数据提供程序。

（2）建立与数据源的连接，需要使用 Connection 对象。

（3）执行对数据源的操作命令，通常是 SQL 命令，需要使用 Command 对象。

（4）对获得的数据进行读取操作，常使用 DataReader 对象等。

（5）向用户显示数据，需要使用数据控件 DataGrid 等。

（三）. NET 框架数据提供程序

. NET Framework 数据提供程序用于连接到数据库、执行命令和检索结果。. NET Framework 提供了四个 . NET Framework 数据提供程序：

（1）SQL Server . NET Framework 数据提供程序。

（2）OLE DB . NET Framework 数据提供程序。

（3）ODBC . NET Framework 数据提供程序。

（4）Oracle . NET Framework 数据提供程序。

在本实验中，要访问 SQL Server 数据库，需要使用 SQL Server . NET Framework 数据提供程序，即在程序中引用命名空间 System. Data. SqlClient。

（四）命名空间

命名空间的字面意义就是一个对象名称的有效空间。可有效解决"名字重复""分类管理"等问题。命名空间的引用，提供了一条对既有类的访问、重复使用途径。

（五）Connection 对象

在 ADO. NET 中，使用 Connection 对象连接到数据库。根据数据源的不同，连接对象有四种：SqlConnection、OleDbConnection、OdbcConnection、OracleConnection。此实验中连接到 SQL Server 数据库，使用的是 SqlConnection 数据连接对象。

连接对象的最主要属性是 ConnectionString、State。ConnectionString 用于设置连接字符串。对于不同的 Connection 对象，其连接字符串有所不同。State 获取连接的当前状态。

连接对象的最主要方法是 Open、Close。Open 使用 ConnectionString 所指定的属性设置打开数据库连接。Close 关闭与数据库的连接。

（六）Command 对象

数据命令对象 Command 可直接执行 SQL 语句或存储过程。Command 类有四种：OleDbCommand、SqlCommand、OdbcCommand、OracleCommand。此实验访问 SQL Server 数据库，使用 SqlCommand 对象来执行 SQL 语句。

（七）DataReader 对象

DataReader 对象是一个简单的数据集，用于从数据源中检索只读、向前数据集，常用于检索大量数据。

小 贴 士

DataReader 对象不能用 new 建立，只能调用 Command 对象的 ExecuteReader（）方法产生。

（八）DataGridView 控件

DataGridView 控件可用于在窗体中以表格方式浏览、添加、修改、删除数据。

示例：在 Visual Studio 端建立一个 Windows 应用程序，添加一个窗体，用于浏览 doctor 表中的所有记录。

该示例的实现步骤如下：

（1）启动 Visual Studio：此处采用的是 2019 企业版，在启动窗口中点击"创建新项目"选项卡，如图 4-200 所示。

（2）选择项目类型：在"创建新项目"窗口中选择"所有语言"下拉列表为"C#"，"所有平台"为"Windows"，"所有项目类型"为"桌面"，在列表中选择"Windows 窗体应用（. NET Framework）"选项，并单击"下一步"，如图 4-201 所示。

（3）配置新项目：在"配置新项目"窗口中输入项目名称，修改项目位置，输入解决方案名称，并选择框架版本，并点击"创建"按钮，如图 4-202 所示。

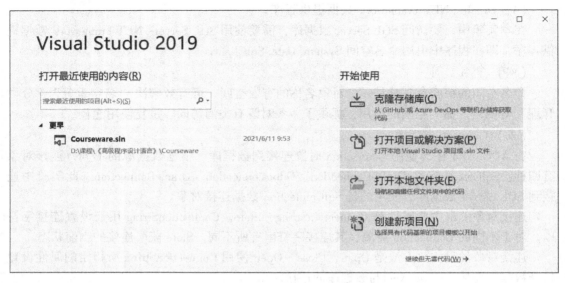

图 4-200　Visual Studio 启动窗口

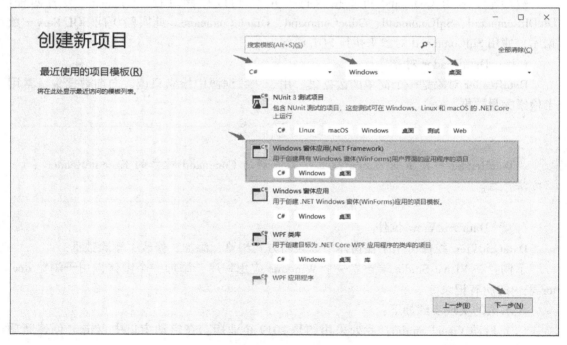

图 4-201　"创建新项目"窗口

（4）建立数据连接。

1）展开"服务器资源管理器"窗口：在 Visual Studio 左侧单击"服务器资源管理器"选项卡，如图 4-203 所示。

2）添加连接：在"服务器资源管理器"窗口中右键"数据连接"，选择"添加连接"选项，如图 4-204 所示。

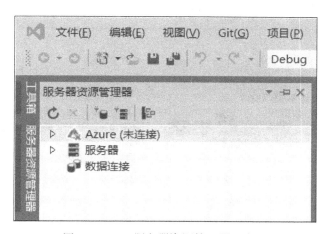

图 4-202　"配置新项目"窗口

图 4-203　"服务器资源管理器"窗口

小　贴　士

　　Visual Studio 左侧没有"服务器资源管理器"选项卡，如何打开"服务器资源管理器"？

　　解决方法：在"视图"菜单栏中点选"服务资源管理器"即可打开"服务器资源管理器"。

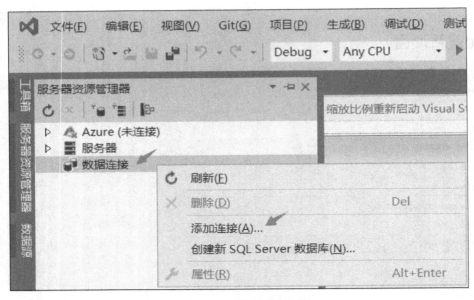

图 4-204　新建数据库连接

3）选择数据源：在"选择数据源"窗口的"数据源"选项卡下选择"Microsoft SQL Server"选项，在"数据提供程序"选项卡下选择"用于 SQL Server 的 . NET Framework 数据提供程序"，并单击"继续"按钮，如图 4-205 所示。

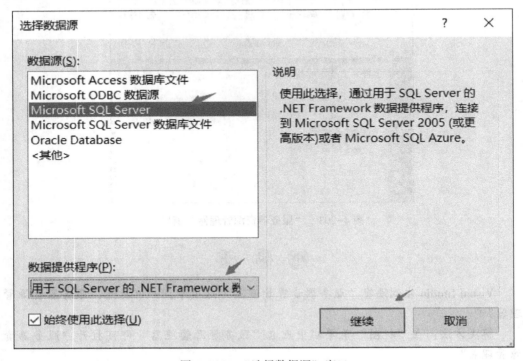

图 4-205　"选择数据源"窗口

4）完善要添加的数据信息：在弹出的"添加连接"窗口中输入服务器名，选择数据库为 HISDB，并单击"确定"按钮，如图 4-206 所示。如果数据库连接成功，则会在"服务器资源管理器"中添加一个新的数据连接，展开该数据连接，可看到该数据库下的列表及其表结构，如图 4-207 所示。

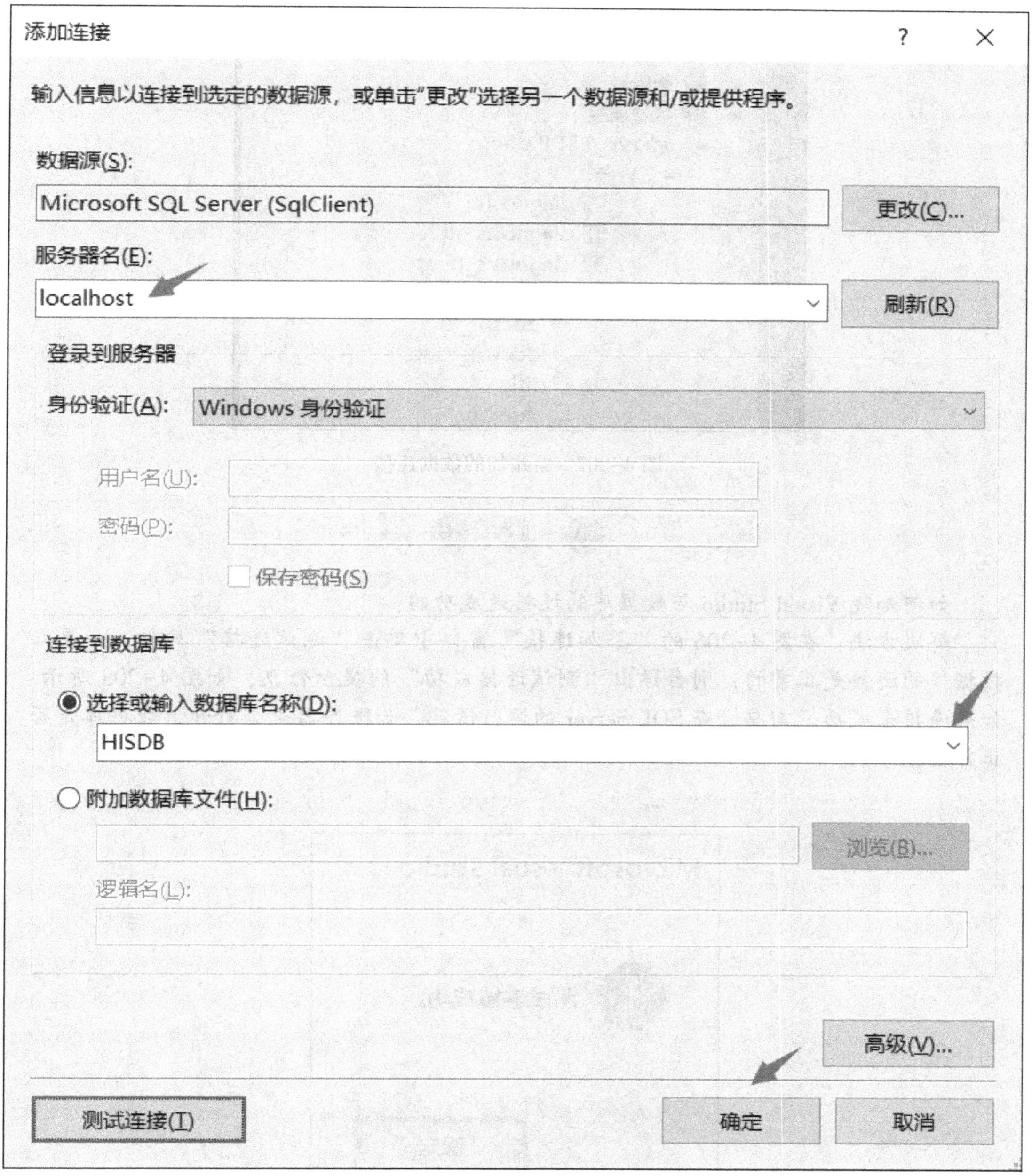

图 4-206　"添加连接"窗口

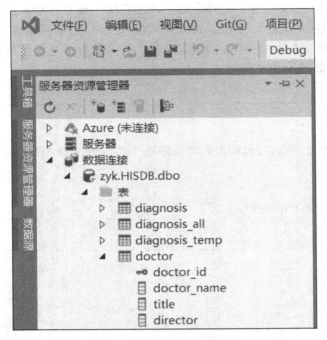

图 4-207　新添加的数据连接

　小　贴　士

如何知晓 Visual Studio 与数据库的连接是成功的？

解决方法：在图 4-206 的"添加连接"窗口中单击"测试连接"按钮，如果与数据库的连接是正常的，则会弹出"测试连接成功"的提示信息，如图 4-208 所示。如果连接未成功，需要检查 SQL Server 的运行情况，如服务器是否打开，数据库是否正常挂接等。

图 4-208　"测试连接成功"的提示信息

（5）通过数据适配器生成数据集。

1）选择数据连接：在工具箱拖动 SqlDataAdapter 控件到 Form1 上，即弹出"数据适配器"窗口，如图 4-209 所示。在该窗口的"数据适配器应使用哪个数据连接"下拉列表中会默认出现上面建立的数据连接。如果项目中有多个数据连接，则在列表中选择所需要的数据连接，并单击"下一步"。

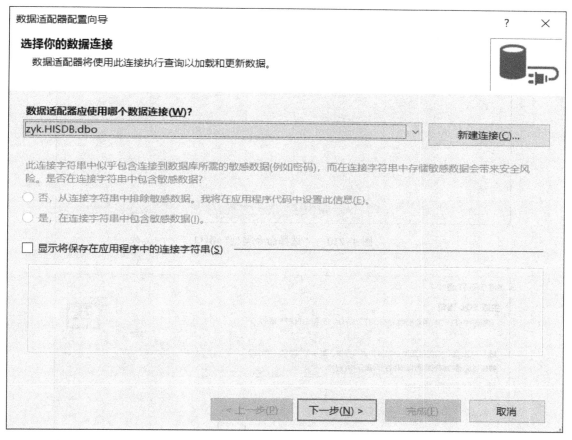

图 4-209　选择数据连接

2）确定数据适配器以 SQL 语句方式访问数据库：在"选择命令类型"窗口中选择"使用 SQL 语句"选项，并单击"下一步"，如图 4-210 所示。

3）生成 SQL 语句：在"生成 SQL 语句"中输入检索 doctor 表的无条件查询语句，并单击"下一步"，如图 4-211 所示。

4）数据适配器配置结果显示：在"向导结果"窗口中直接单击"完成"按钮，如图 4-212 所示。此时向导窗口关闭，在 Visual Studio 设计窗口中会出现名称为 sqlDataAdapter1、sqlConnection1 的两个控件，如图 4-213 所示。

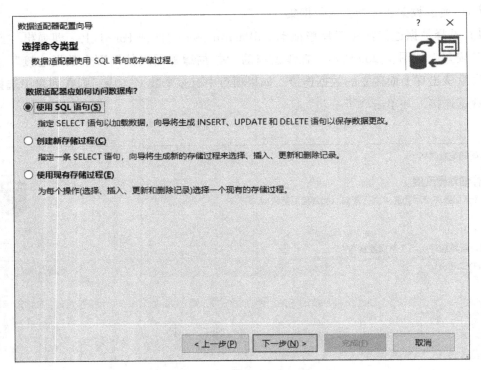

图 4-210　"选择命令类型"窗口

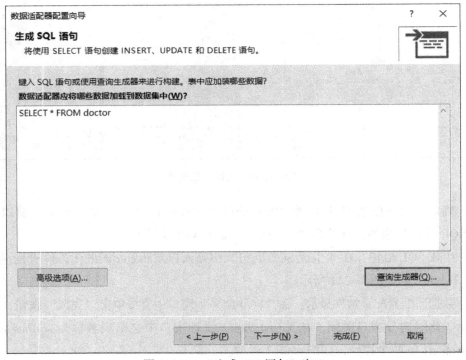

图 4-211　"生成 SQL 语句"窗口

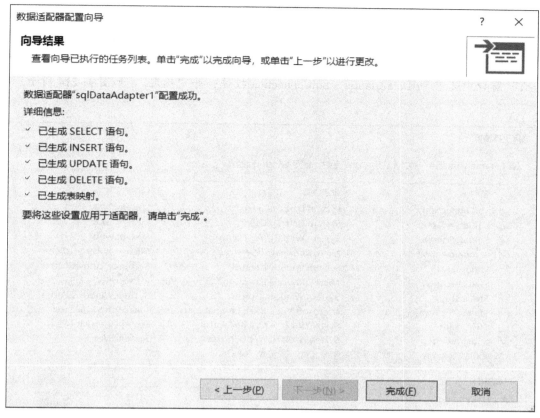

图 4-212　"向导结果"窗口

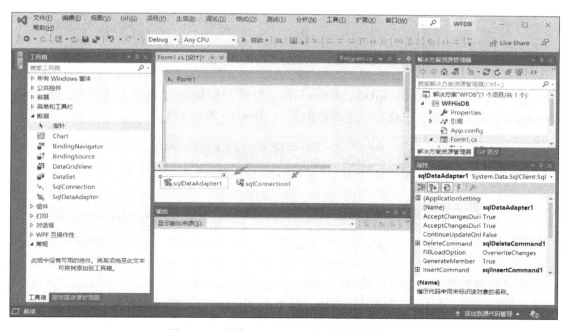

图 4-213　添加 sqlDataAdapter 后的设计窗口

工具箱的"数据"选项卡中没有 SqlDataAdapter、SqlConnection 控件怎么办？

解决方法：右键单击"数据"选项卡，选择"选项"，在弹出的"选择工具箱项"窗口中选中 SqlDataAdapter、SqlConnection 控件，并"确定"，如图 4-214 所示。

图 4-214 "选择工具箱项"窗口

5）生成数据集：点击 sqlDataAdapter1 右上角的智能提示（黑色三角形），在"SqlDataAdapter 任务"菜单中点击"生成数据集"，如图 4-215 所示。

图 4-215 "SqlDataAdapter 任务"菜单

在"生成数据集"窗口中选择"doctor（sqlDataAdapter1）"选项，以指定要在窗体中显示的数据表，并单击"确定"按钮，如图 4-216 所示。"生成数据集"窗口关闭，在 Visual Studio 设计窗口中会自动出现命名为 dataSet11 的数据集控件，如图 4-217 所示。

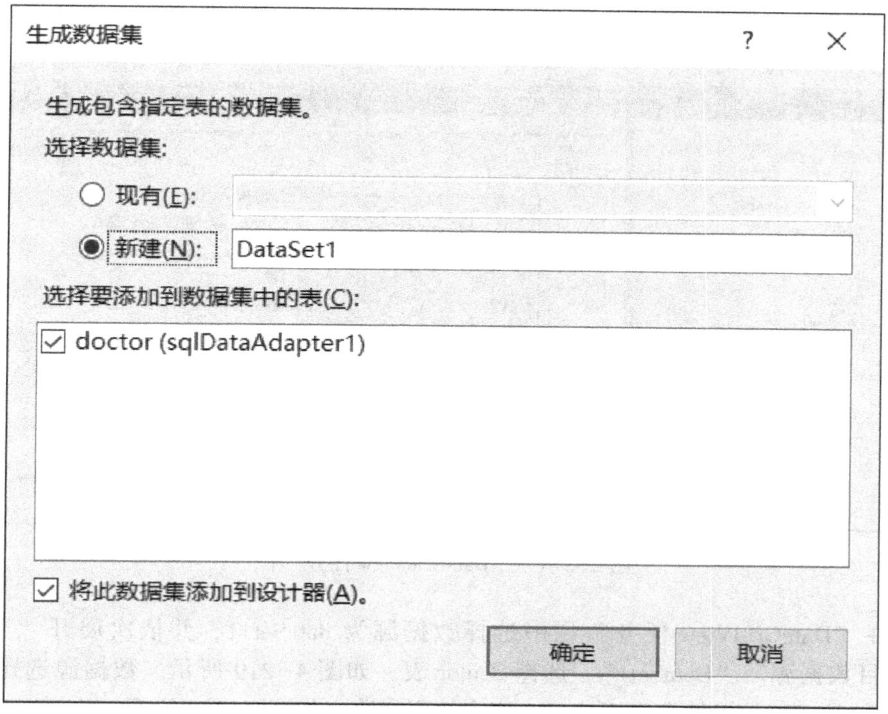

生成数据集　　　　　　　　　　　　　　　　　　　？　×

生成包含指定表的数据集。

选择数据集:

○ 现有(E):

● 新建(N):　DataSet1

选择要添加到数据集中的表(C):

☑ doctor (sqlDataAdapter1)

☑ 将此数据集添加到设计器(A)。

确定　　　取消

图 4-216　"生成数据集"窗口

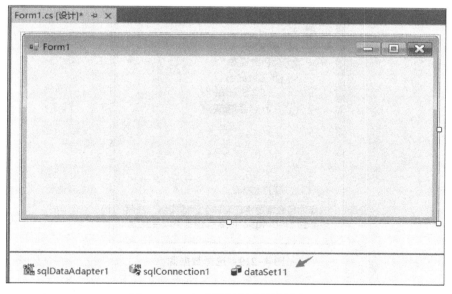

Form1.cs [设计]*

Form1

sqlDataAdapter1　　sqlConnection1　　dataSet11

图 4-217　生成数据集后的设计窗口

（6）在程序窗口显示数据。

1）在工具箱中拖动 DataGridView 控件到 Form1 窗体，单击添加的 DataGridView 控件的智能提示图标，打开"DataGridView 任务"栏，如图 4-218 所示。

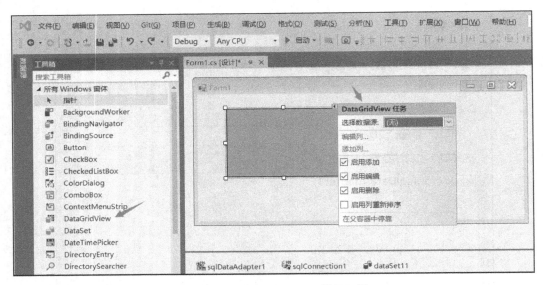

图 4-218 "DataGridView 任务"栏

2）在"DataGridView 任务"栏中选择数据源为 dataSet11，并依次展开"其他数据源""项目数据源""DataSet1"，选择 doctor 表，如图 4-219 所示。数据源选择完成后，添加的 DataGridView 控件会出现 doctor 表中的列名称，如图 4-220 所示。

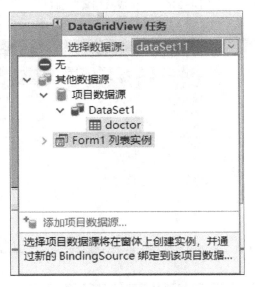

图 4-219 选择数据源

3）在 Form1 窗体的任意空白部分双击，光标自动切换到代码窗口的 Form1_Load 事件下，在此添加数据适配器的数据填充代码，如图 4-221 所示。

4）在键盘上按"F5"键或者单击工具栏中的绿色三角形启动按钮 ▶ 启动 启动运行，运行结果如图 4-222 所示。

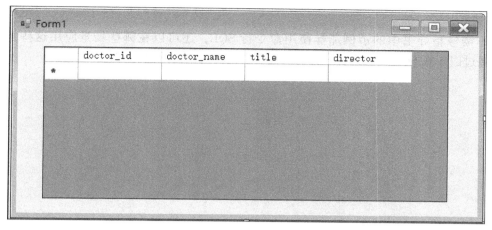

图 4-220　添加了数据源的 DataGridView 控件

```
15  {
        1 个引用
16      public Form1()
17      {
18          InitializeComponent();
19      }
20
        1 个引用
21      private void Form1_Load(object sender, EventArgs e)
22      {
23          this.sqlDataAdapter1.Fill(this.dataSet11);
24      }
25  }
26  }
```

图 4-221　填充代码

doctor_id	doctor_name	title	director
0104	袁茜	主治医师	0802
0106	易扬	外科医师	0802
0222	韩伟	副主任医师	3783
0317	杨勇晖	副主任医师	0802
0400	李平	主治医师	6951
0545	帅阳	主治医师	8933

图 4-222　运行结果窗口

问与答

如果不需像指导书中的示例那样使用命令行 SQL，还可以在哪些场景应用这些知识？

答：通过嵌入式 SQL，在所编写的应用程序中，都可以使用这些知识。

第五章　实验常见问题清单

问题一、简述服务器类型。

此处的服务器均是 SQL Server 中的一个组件，提供某方面的功能，如图 5-1 所示按菜单列表顺序分别说明如下：

（1）数据库引擎：用于存储、处理数据和保证数据安全的核心服务。数据库引擎提供受控的访问和快速事务处理，以满足企业中要求极高、大量使用数据的应用程序的要求。

（2）Analysis Services：简称 SSAS，为商业智能应用程序提供联机分析处理（OLAP）和数据挖掘功能。SSAS 允许设计、创建和管理包含从其他数据源（如关系数据库）聚合的数据的多维结构，以实现对 OLAP 的支持。对于数据挖掘应用程序，Analysis Services 允许设计、创建和可视化处理那些通过使用各种行业标准数据挖掘算法，并根据其他数据源构造出来的数据挖掘模型。

（3）Rporting Servies：简称 SSRS，是一个功能强大的数据库报表设计工具。

（4）Integration Services：简称 SSIS，是生成高性能数据集成解决方案（包括数据仓库的提取、转换和加载（ETL）包）的平台。提供一系列支持业务应用程序开发的内置任务、容器、转换和数据适配器。

（5）Azure-SSIS Integration Runtime：在数据工厂中，活动定义要执行的操作，链接服务定义目标数据存储或计算服务，集成运行时（IR）提供活动和链接服务之间的桥梁。若要提升和切换现有 SSIS 工作负荷，可以创建 Azure-SSIS IR 以本机执行 SSIS 包，为 Azure-SSIS IR 选择正确的位置，对在提取-转换-加载（ETL）工作流中实现高性能至关重要。

图 5-1　服务器类型

问题二、简述身份验证类型。

如图 5-2 所示，身份验证有以下几种类型：

图 5-2　身份验证

Windwos 身份验证：依赖 Windows 操作系统来提供登录安全性保证。当登录到 Windows 时，用户账户身份被验证。SQL Server 只检验用户是否通过 Windows 身份验证，并根据身份验证结果来判断是否允许访问。其优点是充分利用操作系统的安全功能，包括安全验证、密码加密、审核、密码过期、最小密码长度等机制。

SQL Server 身份验证：是使用 SQL Server 中的账户来登录数据库服务器，而这些账户与 Windows 操作系统无关。这种模式适用于不属于自己操作系统环境的用户或所用操作系统与 Windows 安全体系不兼容的用户访问数据库使用。

Azure Active Directory 身份验证：Azure Active Directory（Azure AD）身份验证是使用 Azure AD 中的标识连接到 Azure SQL 数据库、Azure SQL 托管实例和 Azure Synapse Analytics 中的 Synapse SQL 的一种机制。

问题三、如何选择当前数据库？

在工具栏上的图标 master 中点下拉按钮，选择需要操作的数据库为当前数据库即可。

问题四、如何查询已有的数据库名？

查询已有数据库名的 SQL 语句如下：
SELECT * FROM master. dbo. sysdatabases WHERE name = '数据库名'

问题五、如何查询服务器名和第一个数据库名？

查询服务器名和第一个数据库名的 SQL 语句如下：
SELECT @ @ ServerName, db_name ()

问题六、如何清空表？

清空表的 SQL 语句如下：
TRUNCATE TABLE 表名

问题七、如何改变 SQL Server 操作界面的字体大小？

菜单栏中依次选择"工具→选项→环境→字体和颜色"，在对应的界面中设置字体大小及其颜色即可。

问题八、如何添加行号？

菜单栏中依次选择"工具→选项→文本编辑器→所有语言→常规→行号"即可。

问题九、在 SQL Server 表的行编辑状态中如何输入空值？

点击组合键：Ctrl+0，即可输入空值。

问题十、简述 CHECK 约束的用法。

（1）语法格式：CHECK（约束表达式）。约束表达式（逻辑表达式）中可能用到的通配符如表 5-1 所示。

表 5-1 常用通配符

通配符	解 释	示 例
'_'	一个字符	A like 'c'
%	任意长度的字符串	B like 'co_%'
[ ]	括号中所指定范围内的一个字符	C like '9w0 [1-2]'
[^]	不在括号中所指定范围内的一个字符	D like '% [A-D] [^1-2]'

（2）约束写法示例。

1）要求员工号字段"employeeId"的取值满足条件：每个员工号由三个英文字母开头，接着由一个 10000~99999 区间的五位数构成，最后是员工的性别（M/F）：

CHECK（employeeId LIKE '[a-z][a-z][a-z][0-9][0-9][0-9][0-9][0-9][M/F]'）

2）要求职称字段"title"的取值范围在"教授、副教授、讲师、助教"内取值：

CHECK title IN（'教授','副教授','讲师','助教'）

3）要求薪水字段"salary"的取值范围在 5000~20000 之间：

CHECK（salary BETWEEN 5000 AND 20000）

4）要求成绩字段"score"的取值大于等于 0 且小于等于 100：

CHECK（score >= 0 AND score <= 100）

5）要求字段"case"的取值符合条件：当字段"isManager"的值不等于 1 且性别"sex"的值等于 F 时，其取值为 1，否则取值为 0：

CHECK（case WHEN isManager <> 1 AND sex = 'F' THEN 1 ELSE 0 END）

6）如何限定只对新插入的数据进行 check 验证：

ALTER TABLE student WITH NOCHECK ADD CONSTRAINT CK_Sex CHECK（sex IN（'M','F'））

（3）CHECK 约束定义的限制：不能在 text、ntext 或 image 列上定义 CHECK 约束。

问题十一、简述不同类型约束的添加与删除。

（1）给已经创建的表添加约束，有两种方法。

第一种：创建约束的时候同时创建约束名：

ALTER TABLE 表名 ADD CONSTRAINT 约束名 约束类型（列名）

第二种：直接创建约束，不命名：

ALTER TABLE 表名 ADD 约束类型（列名）

（2）删除约束：

ALTER TABLE 表名 DROP CONSTRAINT 约束名

（3）添加、删除约束示例：

1）增加 not null 约束（要写上列名及列类型）：

ALTER TABLE course ALTER COLUMN cno char（10）not null

2）增加主键约束：

ALTER TABLE student ADD CONSTRAINT pk PRIMARY KEY（sno）

3）增加 unique 约束：

ALTER TABLE student ADD CONSTRAINT uni UNIQUE（sname）

4）删除 unique 约束：

ALTER TABLE student DROP constraint uni

5）删除 unique 约束：

ALTER TABLE student DROP CONSTRAINT ix_student

6）建表时添加默认值约束：

CREATE TABLE student

（stuID char（10）PRIMARY KEY，stuName char（8）NOT NULL，

 deptID char（2）NOT NULL REFERENCES tb_Dept，

 sex char（2）NOT NULL DEFAULT 'M'，

 Birthday SMALLDATETIME NOT NULL DEFAULT getdate（））

7）添加默认值约束：

ALTER TABLE student ADD CONSTRAINT DEF_sex DEFAULT '男' FOR sex

8）删除默认值约束：

ALTER TABLE student DROP CONSTRAINT DEF_sex

问题十二、如何修改表结构？

（1）添加列：Alter table 表名 add 列名 数据类型；

（2）删除列：Alter table 表名 drop column 列名；

（3）修改列的数据类型：Alter table 表名 alter column 列名 数据类型。

问题十三、简述外键约束的维护、外键的级联更新与删除的定义示例。

（1）父表与子表间建立外键约束后，数据库管理系统会自动维护这种参照完整性。为判断对表中数据的操作是否违背了参照完整性，系统需对父、子表的操作行为进行检查：

1）修改父表主键时检查。

2）删除父表记录时检查。

3）在子表中插入数据时检查（外键）。

（2）示例：

外键的级联更新与删除定义示例：

CREATE TABLE student

（sno char（10）PRIMARY KEY，sname char（8）NOT NULL，

 dno char（2）NOT NULL REFERENCES dept（dno）ON UPDATE CASCADE ON DE-LETE CASCADE）

或

CREATE TABLE student

（sno char（10）PRIMARY KEY，sname char（8）NOT NULL，dno char（2）NOT NULL，

 CONSTRAINT FK_dno FOREIGN KEY（dno）REFERENCES dept（dno）ON UPDATE CASCADE ON DELETE CASCADE）

问题十四、简述索引的建立与删除语法格式。

CREATE[UNIQUE][CLUSTER|NONCLUSTERED]INDEX<索引名>
ON<表名>(<列名>[次序][.<列名>[次序]]…)[;]
DROP INDEX<索引名>ON<表名>[;]

问题十五、简述外连接的实现。

（1）左外连接的实现（SQL Server 2000 版），如图 5-3 所示。

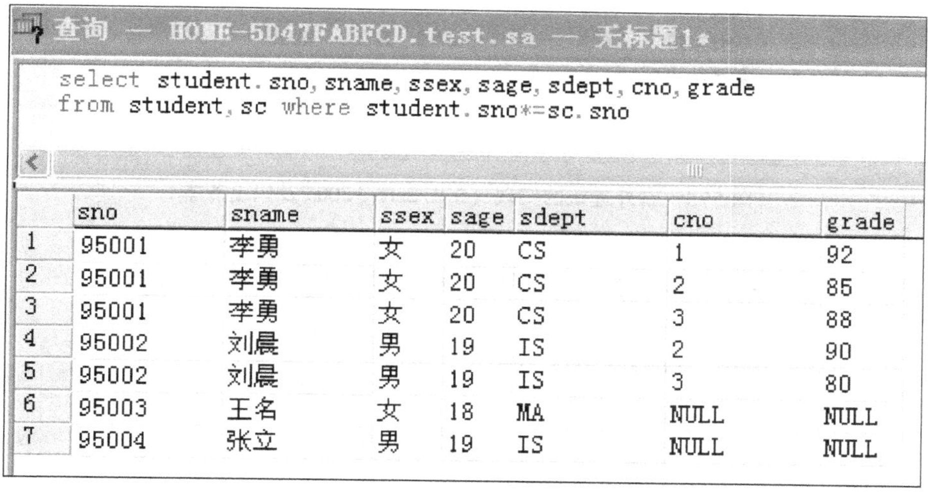


```
select student.sno,sname,ssex,sage,sdept,cno,grade
from student,sc where student.sno*=sc.sno
```

	sno	sname	ssex	sage	sdept	cno	grade
1	95001	李勇	女	20	CS	1	92
2	95001	李勇	女	20	CS	2	85
3	95001	李勇	女	20	CS	3	88
4	95002	刘晨	男	19	IS	2	90
5	95002	刘晨	男	19	IS	3	80
6	95003	王名	女	18	MA	NULL	NULL
7	95004	张立	男	19	IS	NULL	NULL

图 5-3　左外连接的实现（SQL Server 2000 版）

（2）左外连接的实现（SQL Server 2005 及以上版本），如图 5-4 所示。

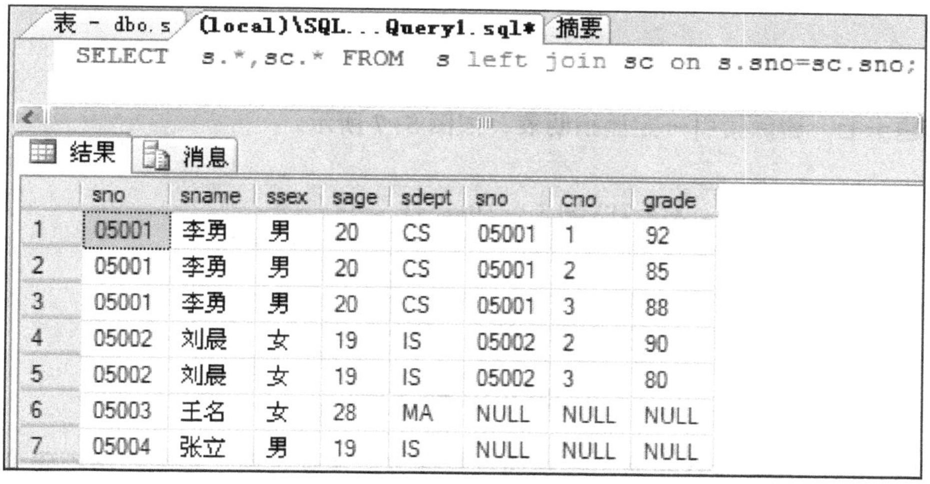


```
SELECT s.*,sc.* FROM s left join sc on s.sno=sc.sno;
```

	sno	sname	ssex	sage	sdept	sno	cno	grade
1	05001	李勇	男	20	CS	05001	1	92
2	05001	李勇	男	20	CS	05001	2	85
3	05001	李勇	男	20	CS	05001	3	88
4	05002	刘晨	女	19	IS	05002	2	90
5	05002	刘晨	女	19	IS	05002	3	80
6	05003	王名	女	28	MA	NULL	NULL	NULL
7	05004	张立	男	19	IS	NULL	NULL	NULL

图 5-4　左外连接的实现（SQL Server 2005 及以上版本）

（3）右外连接的实现（SQL Server 2005 及以上版本），如图 5-5 所示。

表 - dbo.s
(local)\SQL...Query1.sql*
摘要
SELECT c.*,sc.* FROM sc right join c on sc.cno=c.cno;
结果
消息

	cno	cname	cpno	ccre...	sno	cno	grade
1	1	数据库	5	4	05001	1	92
2	2	数学	NULL	2	05001	2	85
3	2	数学	NULL	2	05002	2	90
4	3	信息系统	1	4	05001	3	88
5	3	信息系统	1	4	05002	3	80
6	4	操作系统	6	3	NULL	NULL	NULL
7	5	数据结构	7	4	NULL	NULL	NULL
8	6	数据处理	NULL	2	NULL	NULL	NULL
9	7	PASCAL语言	6	4	NULL	NULL	NULL

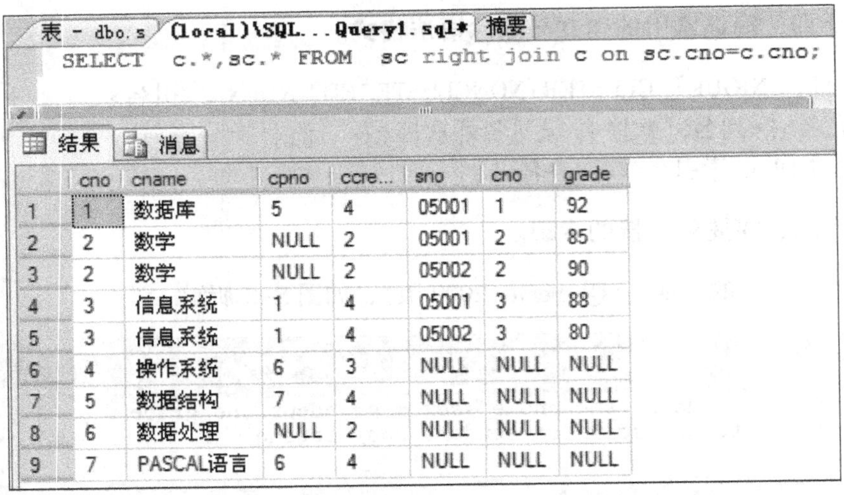

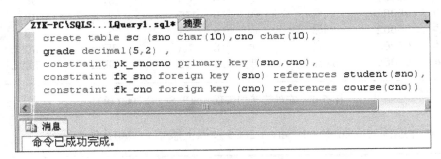

图 5-5　右外连接的实现（SQL Server 2005 及以上版本）

问题十六、外键属性要加括号（即使是单个属性），如图 5-6 所示。

ZYK-PC\SQLS...LQuery1.sql*
摘要
create table sc (sno char(10),cno char(10),
grade decimal(5,2) ,
constraint pk_snocno primary key (sno,cno),
constraint fk_sno foreign key (sno) references student(sno),
constraint fk_cno foreign key (cno) references course(cno))
消息
命令已成功完成。

图 5-6　外键属性需加括号

问题十七、删除索引一定要指明表，如图 5-7 所示。

ZYK-PC\SQLS...LQuery1.sql*
摘要
drop index ind_sno on student
消息
命令已成功完成。

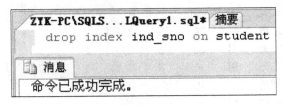

图 5-7　删除索引

问题十八、SQL Server 管理器中通过属性方式修改属性“强制实施密码策略”默认是被选中的，取消时报错，怎么办?

（1）进入 SQL Server 管理器，新建查询，输入“Alter LOGIN 登录名 WITH PASSWORD ='新密码'；”，在该指令中设置登录名和新密码，执行。

（2）打开该登录名的属性，取消"强制实施密码策略"对勾，确认即可。

问题十九、SQL Server 中如何实现用户定义的数据类型？

用户定义的数据类型基于在 Microsoft SQL Server 中提供的数据类型。当几个表中必须存储同一种数据类型时，并且为保证这些列有相同的数据类型、长度和可空性时，可以使用用户定义的数据类型。

（1）建自定义数据类型：

Exec sp_addtype ssn,'Varchar（11）','Not Null'

（2）删除自定义数据类型：

Exec sp_droptype 'ssn'

（3）查看用户自定义数据类型：

SELECT * FROM systypes WHERE xtype<>xusertype［;］

SELECT * FROM systypes WHERE is_user_defined=1［;］

问题二十、使用 Windows 账户在数据库 s_c 里面为登录名 stu 创建一个用户 stu，给 stu 赋予了以下权限：grant create table，insert，update，delete to stu。但是在 s_c 数据库中创建一个表时提示：指定的架构名称"dbo"不存在，或者您没有使用该名称的权限，但检查：s_c 数据库/安全性/用户/stu/右键属性/默认架构为"dbo"。

要能执行建表语句，需要两个权限：create table 权限和该表所在架构的 alter 权限，所以授权语句包含如下两句：

grant create table to stu［;］

grant alter on schema :: dbo to stu［;］

问题二十一、"服务器代理账户"指的是什么？

服务器代理账户是执行 xp_cmdshell 使用的账户。如果连接到 SQL Server 的应用程序只需要 SQL Server 实例内部的对象和资源，则无需使用代理账户。但是，通常一个应用程序需要外部系统的资源，例如文件、网络、环境变量。举例来说，应用程序可能需要运行 xp_cmdshell 扩展存储过程来调用一个 Windows shell 命令，并执行一个 shell 命令来获取一个目录下的文件列表。或者，这个应用程序安排一个 SQL Server Agent 工作来执行维护任务。这个工作有一个 Active Scripting 工作步骤或一个 Web Service 任务来调用一个 Web Service，以便验证地理位置和邮编信息。在大多数公司里，管理员角色和应用人员角色通常是分开的。基于安全考虑，应用人员不被允许具有 sysadmin 权限。为了使应用程序开发人员可以使用外部资源而不必给他们过多的权限，SQL Server 提供了代理账户的解决方案。在执行操作系统命令时，代理账户可模拟登录、服务器角色和数据库角色。xp_cmdshell 是用 SQL server 调用 dos 命令行的系统存储过程。服务器代理账户所用的登录账户应该只具有执行既定工作所需的最低权限。代理账户的权限过大有可能会被恶意用户利用，从而危及系统安全。

问题二十二、简述数据库系统固定角色名称。

（1）db_owner：固定数据库角色的成员可以执行数据库的所有配置和维护活动，还可以删除数据库。

（2）db_securityadmin：固定数据库角色的成员可以修改角色成员身份和管理权限。向此角色中添加主体可能会导致意外的权限升级。

（3）db_accessadmin：固定数据库角色的成员可以为 Windows 登录名、Windows 组和 SQL Server 登录名添加或删除数据库访问权限。

（4）db_backupoperator：固定数据库角色的成员可以备份数据库。

（5）db_ddladmin：固定数据库角色的成员可以在数据库中运行任何数据定义语言（DDL）命令。

（6）db_datawriter：固定数据库角色的成员可以在所有用户表中添加、删除或更改数据。

（7）db_datareader：固定数据库角色的成员可以从所有用户表中读取所有数据。

（8）db_denydatawriter：固定数据库角色的成员不能添加、修改或删除数据库内用户表中的任何数据。

（9）db_denydatareader：固定数据库角色的成员不能读取数据库内用户表中的任何数据。

（10）有关数据库级固定角色权限的特定信息，请参阅固定数据库角色的权限（数据库引擎）。

问题二十三、以示例说明对事务的理解。

去掉 SC 关系中 SNO 属性的外码约束，试做如下的试验：

```
insert sc(sno,cno,grade) values('05005','1',90)
if @@error=0
    begin
        print '在 SC 表中插入元组成功'
        if exists(select * from s where sno='05005')
            commit tran
        else
            begin
                print '在被参照关系 S 中不存在相关元组,需要回滚'
                rollback tran
            end
    end
else
    begin
        print '在 SC 表中插入元组不成功'
        rollback tran
    end
```

问题二十四、数据导入时，出现错误提示"**Excel 源列 XXX 的数据对于所指定的缓冲区来讲太大**"，或修改数据类型与长度时，产生数据截断提示，数据表结构导进，但数据未导入的情况。

方法 1：将产生截断字段的数据类型改为 nvarchar（max）、text、ntext，有时也会截断，此时，可考虑把 Excel 数据文件中数据内容多的数据提到第 1 行。

方法 2：修改服务器的注册表。

（1）打开注册表：左键"Windows 开始→运行"，键入 regedit，回车。

（2）找到：HKEY_LOCAL_MACHINE/SOFTWARE/Microsoft/Jet/4.0/Engines/Excel，在其下双击右侧的"TypeGuessRows"选项，将"数值数据"改成 0，如图 5-8、图 5-9 所示。

修改依据：将 Excel 表的数据导入数据库的时候，Jet 引擎根据"TypeGuessRows"选项的值所代表的行数判断内容的数据类型，默认是根据前 8 行的内容判断数据类型，修改成 0 后，它会对每行的内容进行判断，不过这样做会影响性能。

名称	类型	数据
（默认）	REG_SZ	（数值未设置）
AppendBlankRows	REG_DWORD	0x00000001 (1)
DisabledExtensions	REG_SZ	!xls
FirstRowHasNames	REG_BINARY	01
ImportMixedTypes	REG_SZ	Text
TypeGuessRows	REG_DWORD	0x00000008 (8)
Win32	REG_SZ	C:\Windows\system32\msexcl40.dll

图 5-8　"TypeGuessRows"选项

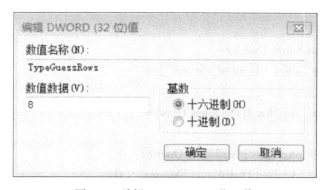

图 5-9　编辑 DWORD（32 位）值

问题二十五、简述用户 sa 登录失败的解决方法。

（1）忘记了登录 SQL Server 的 sa 的密码。

解决方法：用 Windows 身份验证的方式登录管理器，然后在"安全性/登录/左键单击'sa'/属性"，修改密码点击确定即可。

（2）已成功与服务器建立连接，但是在登录过程中发生错取（错误：233）。

解决方法：打开 SQL Server 配置管理器，把"MSSQLSERVER 的协议"下的"Named Pipes"和"TCP/IP"启动，然后重新启动 SQL Server 即可。

（3）无法打开用户默认数据库，登录失败（错误：4064）。

解决方法：用 Windows 身份验证的方式登录管理器，然后在"安全性/登录/左键单击'sa'/属性"，将默认数据库设置成 master，点击"确定"即可。

（4）无法连接到服务器，登录失败（错误：18452）。

解决方法：用 Windows 身份验证的方式登录管理器，展开"SQL Server 组"，鼠标右击 SQL Server 服务器的名称，选择"属性/安全性/身份验证/SQL Server 和 Windows/确定"，并重新启动 SQL Server 即可。

问题二十六、SQL Server 阻止了对组件 \ 'Ad Hoc Distributed Queries \ ' 的访问，如何解决？

在 SQL Server 中查询 Excel 文件的时候出现问题：

SELECT * FROM OPENROWSET（'MICROSOFT. JET. OLEDB. 4. 0 ', ' Excel 8. 0；IMEX＝1；HDR＝YES；

DATABASE＝D：\ a. xls ', ［sheet1 $ ］）

结果提示：SQL Server 阻止了对组件 'Ad Hoc Distributed Queries' 的 STATEMENT 'OpenRowset/OpenDatasource' 的访问，因此组件已作为此服务器安全配置的一部分而被关闭。系统管理员可以通过使用 sp_configure 启用 'Ad Hoc Distributed Queries'。有关启用 'Ad Hoc Distributed Queries' 的详细信息，请参阅 SQL Server 联机丛书中的"外围应用配置器"。

解决方法：

启用 Ad Hoc Distributed Queries：

exec sp_configure 'show advanced options', 1

reconfigure

exec sp_configure 'Ad Hoc Distributed Queries', 1

reconfigure

使用完成后，关闭 Ad Hoc Distributed Queries：

exec sp_configure 'Ad Hoc Distributed Queries', 0

reconfigure

exec sp_configure 'show advanced options', 0

reconfigure

SELECT * FROM OPENDATASOURCE（'SQLOLEDB',

'Data Source＝ServerName；User ID＝sa；Password＝sa'

）. DataBaseName. dbo. Table

问题二十七、SQL Server 中，当视图中含聚集函数生成的列时，可否对该视图实现条件查询？

示例：CREAT TABLE V_SC（sno，Savg）
AS SELECT sno，avg（grade）
　　FROM sc
　　GROUP BY sno；
SELECT Savg FROM V_SC WHERE Savg>80［；］

问题二十八、授权中的 DENY 语句的作用是什么？

Deny：拒绝给当前数据库内的安全账户授予权限并防止安全账户从其他角色成员资格继承权限，即不准给它权限，也不允许其继承权限。

问题二十九、简述 SQL Server 中 GO 语句的作用。

每个被 GO 分隔的语句都是一个单独的事务，可以理解为一批 T-SQL 语句的结束，事务中一个语句执行失败不会影响其他事务中语句执行。

问题三十、简述表结构与数据的复制。

（1）复制表结构：只复制表结构到新表，把旧表 oldtable 的表结构复制到新表 newtable。
CREATE TABLE newtable SELECT ＊ FROM oldtable WHERE 1＝2
说明：WHERE 子句中条件始终不成立，即返回记录数为 0。
（2）复制数据（无种子字段）：旧新两表结构相同，新表存在，新表中无种子字段，把旧表 oldtable 的数据复制到新表 newtable。
INSERT INTO newtable AS SELECT ＊ FROM oldtable
（3）复制数据（新表中有种子字段）：旧新两表字段相同，新表中有种子字段，把旧表 oldtable 的数据导入到新表 newtable 表中，新表 newtable 已存在，其中 id 为主键，整型，自动增长。
SET IDENTITY_INSERT newtable ON
INSERT INTO newtable（id，p_name，p_age，p_address）SELECT ＊ FROM oldtable
SET IDENTITY_INSERT newtable OFF
（4）复制数据（旧新两表结构不一样）：旧新两表结构不同，新表存在，把旧表 oldtable 的部分字段 a.col1，a.col2，a.col3... 内容复制到新表 newtable 对应的字段 col1，col2，col3... 中。
INSERT INTO newtable（col1，col2，col3...）AS SELECT a.col1，a.col2a.col3... FROM oldtable
（5）复制表结构与数据：旧新两表字段相同，新表不存在，把旧表 oldtable 的数据与结构复制到新表 newtable 中。
SELECT ＊ INTO newtable FROM oldtable［；］

（6）在不同的数据库间复制表结构与数据。

SELECT * INTO［目标数据库］.DBO.表名 FROM［源数据库］.DBO.表名

问题三十一、如何修改 SQL Server 用户 sa 密码？

通过管理器进入查询分析执行：EXEC sp_password NULL,'你的新密码','sa'

附　　录

附录 1　SQL Server 语法定义符号解析

在 SQL Server 语法定义中，经常用到这些符号：<>、:: =、[ ]、{ }、| 、...、( )、!!。其含义如下。

（1）< >：尖括号，用于分隔字符串，字符串为语法元素的名称，SQL 语言的非终结符。

（2）:: =：定义操作符，用在生成规则中，分隔规则定义的元素和规则定义。被定义的元素位于操作符的左边，规则定义位于操作符的右边。

（3）[ ]：方括号，表示规则中的可选元素。方括号中的规则部分可以明确指定也可以省略。

（4）{ }：花括号，表示聚集规则中的元素。在花括号中的规则部分必须明确指定。

（5）| ：替换操作符。该竖线表明竖线之后的规则部分对于竖线之前的部分是可替换的。如果竖线出现的位置不在花括号或方括号内，那么它指定对于该规则定义的元素的一个完整替换项。如果竖线出现的位置在花括号或方括号内，那么它指定花括号对或方括号对最里面内容的替换项。

（6）...：省略号，表示在规则中省略号应用的元素可能被重复多次。如果省略号紧跟在闭花括号"}"之后，那么它应用于闭花括号和开花括号"{"之间的规则部分。如果省略号出现在其他任何元素的后面，那么它只应用于该元素。

（7）( )：括号，是分组运算符。

（8）!!：关闭 MSSQ。

附录2   实验报告模板

　　　　【学院名称】　　　实验报告

课程名称：＿＿＿＿＿＿＿＿＿　　　班　　级：＿＿＿＿＿＿＿＿＿

实验名称：＿＿＿＿＿＿＿＿＿　　　指导老师：＿＿＿＿＿＿＿＿＿

学生姓名：＿＿＿＿学　号：＿＿＿＿日　期：＿＿＿＿

一、实验环境

二、实验内容及完成情况

【说明】

（1）根据实验要求对实验结果或实验过程抓图。

（2）界面捕获尽可能紧凑、清晰。

（3）同类操作只象征性捕获一个界面即可，如插入数据。

三、未解决的问题或建议

【说明】

（1）此处列出的是上交实验报告前未解决的、实验过程中存在的问题。

（2）可列出对本次实验或本课程实验开设的建设性意见。

附录3　SQL Server 常用内置函数

函数名称	含　义
聚 合 函 数	
AVG([ALL | DISTINCT] expression)	返回组中各值的平均值，如果为空将被忽略
CHECKSUM_AGG([ALL | DISTINCT] expression)	返回组中各值的校验和，如果为空将被忽略
COUNT({[[ALL | DISTINCT] expression] | *})	返回组中项值的数量，如果为空也将计数
COUNT_BIG({[[ALL | DISTINCT] expression] | *})	返回组中项值的数量。与 COUNT 函数唯一的差别是他们的返回值。COUNT_BIG 始终返回 bigint 数据类型值。COUNT 始终返回 int 数据类型值
GROUPING (<column_expression>)	指示是否聚合 GROUP BY 列表中的指定列表达式。在结果集中，如果 GROUPING 返回 1 则指示聚合；返回 0 则指示不聚合。如果指定了 GROUP BY，则 GROUPING 只能用在 SELECT <select> 列表、HAVING 和 ORDER BY 子句中
MAX([ALL | DISTINCT] expression)	返回组中值列表的最大值
MIN([ALL | DISTINCT] expression)	返回组中值列表的最小值
STDEV([ALL | DISTINCT] expression)	返回指定表达式中所有值的标准偏差
STDEVP([ALL | DISTINCT] expression)	返回指定表达式中所有值的总体标准偏差
SUM([ALL | DISTINCT] expression)	返回组中各值的总和
VAR([ALL | DISTINCT] expression)	返回指定表达式中所有值的方差
VARP([ALL | DISTINCT] expression)	返回指定表达式中所有值的总体方差
数 学 函 数	
ABS (numeric_expression)	返回数值表达式的绝对值
CEILING (numeric_expression)	返回大于或等于数值表达式的最小整数
EXP (float_expression)	返回指定 float 表达式以 e 为底的指数
FLOOR (numeric_expression)	返回小于或等于数值表达式的最大整数
LOG (float_expression)	返回 float 表达式的自然对数
LOG10 (float_expression)	返回 float 表达式的以 10 为底的对数
POWER (float_expression, y)	返回指定表达式的指定幂的值
RAND ([seed])	返回一个介于 0 到 1（不包括 0 和 1）之间的伪随机 float 值
ROUND (numeric _ expression, length [, function)	返回一个数值，舍入到指定长度或精度
SIGN (numeric_expression)	返回指定表达式的正号（+1）、负号（−1）或零（0）
SIN (float_expression)	以近似数字（float）表达式返回指定角度（以弧度为单位）的三角正弦值
SQRT (float_expression)	返回指定浮点值的平方根

续表

函数名称	含 义
数 学 函 数	
SQUARE（float_expression）	返回指定浮点值的平方
字符串函数	
ASCII（character_expression）	返回字符表达式中最左侧的字符的 ASCII 代码值
CHAR（integer_expression）	返回具有指定 ASCII 代码的单字节字符，由当前数据库默认排序规则的字符集和编码定义
CHARINDEX（ expressionToFind，expressionToSearch［，start_location]）	在第二个字符表达式中搜索一个字符表达式，返回第一个表达式（如果发现存在）的开始位置
LEFT（character_expression，integer_expression）	左子串函数，返回字符串中从左边开始指定个数的字符
LEN（string_expression）	返回指定字符串表达式的字符数，其中不包含尾随空格
LOWER（character_expression）	小写字母函数，将大写字符数据转换为小写字符数据后返回字符表达式
LTRIM（character_expression）	返回删除了前导空格之后的字符表达式
PATINDEX（'% pattern%'，expression）	返回指定表达式中某模式第一次出现的起始位置；如果在所有有效的文本和字符数据类型中没有找到该模式，则返回零
REPLACE（'string_expression'，'string_pattern'，'string_replacement'）	替换函数，用另一个字符串值替换出现的所有指定字符串值
REPLICATE（string_expression，integer_expression）	复制函数，以指定的次数重复字符串值
RIGHT（character_expression，integer_expression）	右子串函数，返回字符串中从右边开始指定个数的字符
RTRIM（character_expression）	删除所有尾随空格后返回一个字符串
SPACE（integer_expression）	空格函数，返回由重复空格组成的字符串
STR（float _ expression［，length［，decimal]]）	数字向字符转换函数，返回由数字数据转换来的字符数据，字符数据右对齐，具有指定长度和十进制精度
STUFF（character _ expression，start，length，replaceWith_expression）	该函数将字符串插入到另一个字符串中。它从第一个字符串的开始位置删除指定长度的字符；然后将第二个字符串插入到第一个字符串的开始位置
SUBSTRING（expression，start，length）	子串函数，返回字符表达式、二进制表达式、文本表达式或图像表达式的一部分
TRIM（string）	删除字符串开头和结尾的空格字符 char（32）或其他指定字符
UPPER（char_expression）	大写函数，返回小写字符数据转换为大写的字符表达式
日期和时间函数	
DATEADD（datepart，number，date）	以 datepart 指定的方式，返回 date 加上 number 之和
DATEDIFF（datepart，startdate，enddate）	以 datepart 指定的方式，返回 enddate 与 startdate 之差
DATENAME（datepart，date）	返回日期 date 中 datepart 指定部分所对应的字符串
DATEPART（datepart，date）	返回表示指定日期 date 的指定日期部分 datepart 的整数

函数名称	含　义
日期和时间函数	
DAY（date）	返回日期 date 的 day 部分（某月的一天）的数值
GETDATE（）	以 datetime 值的 SQL Server 标准内部格式返回当前系统时间戳
GETUTCDATE	返回表示当前的 UTC 时间（通用协调时间或格林尼治标准时间）的 datetime 值。此值得自运行 SQL Server 实例的计算机的操作系统
ISDATE（expression）	如果表达式是有效的 datetime 值，则返回 1；否则返回 0
MONTH（date）	返回表示指定日期的月份 month 部分的整数
YEAR（date）	返回表示指定日期的年份的整数
转 换 函 数	
CAST（expression AS data＿type ［（LENGTH）］）	将一种数据类型的表达式显式转换为另一种数据类型的表达式
CONVERT（data＿type ［（length）］，expression ［，style］）	将一种数据类型的表达式显式转换为另一种数据类型的表达式
系 统 函 数	
CHECKSUM（ ＊ ｜ expression［，…n］）	用于生成哈希索引，返回按照表的某一行或一组表达式计算出来的校验和值
HOST_ID（）	返回工作站标识号。工作站标识号是连接到 SQL Server 的客户端计算机上的应用程序的进程 ID（PID）
HOST_NAME	返回工作站名
ISNULL（check_expression，replacement_value）	使用指定的替换值替换 NULL
ISNUMERIC（expression）	确定表达式是否为有效的数值类型
安全性函数	
SUSER_NAME（［server_user_id］）	返回用户的登录标识名
SUSER_SID（'login'）	返回指定登录名的安全标识号
USER_ID（［'user'］）	返回数据库用户的标识号
USER_NAME（［id］）	根据指定的标识号返回数据库用户名
元数据函数	
COL_LENGTH（'table'，'column'）	返回指定表的指定列的长度
COL_NAME（table_id，column_id）	根据表列的表标识号和列标识号值返回该表列的名称
DB_ID（［'database_name'］）	返回指定数据库的数据库标识（ID）号
DB_NAME（［database_id］）	根据指定数据库 ID 返回数据库名称
INDEX_COL（'table'，index_id，key_id）	返回指定表上指定索引的列名

参 考 文 献

[1] 王珊，萨师煊. 数据库系统概论 [M]. 北京：高等教育出版社，2014.

[2] 张华. SQL Server 数据库应用（全案例微课版）[M]. 北京：清华大学出版社，2021.

[3] 亚伯拉罕·西尔伯沙茨，亨利·F. 科思，S. 苏达尔尚. 数据库系统概念 [M]. 杨冬青，等译. 北京：机械工业出版社，2021.

[4] 贾铁军，曹锐. 数据库原理及应用——SQL Server 2019 [M]. 2 版. 北京：机械工业出版社，2020.

[5] 株式会社 ANK. 图解 SQL：数据库语言轻松入门 [M]. 王非池，译. 北京：中国青年出版社，2021.

[6] 托马斯 M. 康诺利，卡洛琳 E. 贝格. 数据库系统设计、实现与管理（基础篇）[M]. 宁洪，等译. 北京：机械工业出版社，2016.

[7] 严晖，周肆清，李小兰，等. 数据库技术与应用实践教程（SQL Server 2008）[M]. 2 版. 北京：中国水利水电出版社，2014.

[8] 孙清鹏. 生物信息学应用教程 [M]. 北京：中国林业出版社，2012.

[9] 林子雨. 大数据基础编程、实验和案例教程 [M]. 北京：清华大学出版社，2017.